KB023093

수와 문자에 관한

최소한의 수학지식

수와 문자에 관한

최소한의 수학지식

초판 1쇄 발행 2017년 1월 6일
초판 12쇄 발행 2024년 8월 28일

기획 | EBS미디어
원작 | EBSMath 제작팀
글 | 염지현
감수 | 최수일

펴낸곳 | (주)가나문화콘텐츠
펴낸이 | 김남전
편집장 | 유다형
편집 | 김아영
디자인 | 양란희
마케팅 | 정상원 한웅 정용민 김건우
경영관리 | 임종열

출판 등록 | 2002년 2월 15일 제10-2308호
주소 | 경기도 고양시 덕양구 호원길 3-2
전화 | 02-717-5494(편집부) 02-332-7755(관리부)
팩스 | 02-324-9944
홈페이지 | ganapub.com
이메일 | ganapub@naver.com

© EBS, All rights reserved. / 기획 EBS MEDIA

ISBN 978-89-5736-888-6 (04410)
978-89-5736-890-9 (세트)

*책값은 뒤표지에 표시되어 있습니다.
*이 책의 내용을 재사용하려면 반드시 저작권자와 (주)가나문화콘텐츠 양측의 동의를 얻어야 합니다.
*잘못된 책은 구입하신 서점에서 바꾸어 드립니다.

*'가나출판사'는 (주)가나문화콘텐츠의 출판 브랜드입니다.
*본 책에 실린 자료 사진 일부는 셔터스톡의 이미지를 사용하였습니다.

「이 도서의 국립중앙도서관 출판시도서목록(CIP)은 서지정보유통지원시스템 홈페이지(http://seoji.nl.go.kr)와 국가자료공동목록시스템(http://www.nl.go.kr/kolisnet)에서 이용하실 수 있습니다.(CIP제어번호: CIP2016031122)」

EBS

가나

디지털 세상의 최고의 기여자, 수학

냉정하게 말해서 수학은 정말 유용하고 괜찮은 것임을 부정할 수는 없습니다. 그런데 유독 우리나라 사람들에게 수학은 그리 좋은 이미지를 남기지 못했습니다. 초중등교육을 이미 받은 성인들에게나 지금 받고 있는 학생들에게나 심지어는 영유아와 뱃속에 있는 태아에게까지 수학에 대한 인식은 부정적입니다. 수학은 괴물입니다.

이유야 어떻든 간에 시급한 것은 본래 수학이 그렇지 않으니 수학 본래의 유용하고 착한 이미지를 되찾고, 수학이 우리 인생에 꼭 필요한 과목이라는 인식을 회복하는 것입니다. 수학을 잘하지는 못해도 배척하거나 싫어하지 않도록 해야 합니다. 수학을 공부하려고 들인 노력과 시간이 아깝고 억울하다는 생각이 들지 않도록 해야 합니다. 수학을 공부한 결과 합리적이고 창의적인 문제해결 능력을 기를 수 있었고, 그것이 각자의 인생에 도움이 된다는 인식을 갖게 해야 합니다.

수학이 실생활과 유리된 것이 아닌 우리의 일상에 온통 수학이라는 인식을 가지게 되면, 그래서 수학을 공부하는 것이 꼭 필요하다는 인식을 갖게 되면, 수학 문제가 풀리지 않더라도 쉽게 포기하지 않고 끈기를 가지고 도전할 것입니다. 자고 일어나는 시간 관리와 하루의 생활 패턴, 24시간 손 안에 쥐고 있는 스마트폰, 인류가 공존하면서 날마다 공유되는 지구촌의 소식들 등 이 모든 생활이 가능하게 한 최고의 기여자가 수학이라는 인식은 우리 모두에게 꼭 필요합니다. 그래서 수학이라는 과목이 학생들에게 끼친 부정적인 생각을 바꿔줘야 합니다.

이 책은 학교 수학 교과서를 그대로 옮겨 놓은 책이 아닙니다. 교과서 이면에 숨어 있는 다양하고 풍부한, 그리고 재밌고 유익한 수학적 배경 지식을 보여주고 있습니다. 수학자들의 삶을 통해서 학생들은 어려운 여건 속에서 수학을 발견한 과정을 볼 수 있고 학생들도 스스로 재발명하도록 하는 안내를 하고 있습니다. 수학이 이용되는 많은 장면을 보는 학생들은 수학의 유용성을 조금씩 인식할 수 있도록 돕고 있습니다. 아직 수학의 참맛을 느끼지 못한 학생들에게 이 책은 내적인 동기를 유발할 수 있습니다. 수학을 좋아하는 학생들에게 이 책은 수학적 배경 지식을 풍부하게 키워줘서 더 깊이 있는 수학을 공부할 수 있도록 도울 것입니다.

2016년 12월

사교육걱정없는세상, 최수일

수학은 선택이 아니라 필수

흔히 말하는 명문대는 물론, 우리나라 대부분의 대학에는 '수학과'가 있습니다. 학생 수도 적지 않은 편이고요. 그런데 대학을 졸업하고 사회에 나와 보니, 직업이 수학자인 사람을 어쩌다 우연히 마주치기는커녕 스치기도 어려운 현실입니다. 대체 그 많은 졸업생은 다 어디로 갔을까요?

미국은 몇 년 전부터 계속 믿기 힘든 이야기를 합니다. 최고의 미래 직업 1위가 수학자라는 거지요. 수학을 전공하면 진출이 유리한 분야가 10위 안에 절반을 차지하는 것도 문화 충격입니다. 같은 시대를 살고 있는데, 왜 우리나라에선 이 사실이 비현실적으로 느껴지는 걸까요?

사실 수학은 피해자입니다. 작은 오해와 선입견으로부터 출발해 여러 사람에게 평생 외면당하고 있지요. 특히 수학을 입시 위주로 공부하는 우리나라에서 '수학은 배워서 어디에 쓰나'라는 홀대를 받고 있습니다.

최근에는 회계사나 은행원, 보험 계리사 외에도 수학을 사용하는 분야가 더 많아졌습니다. 교통, 안전, 에너지, 의료, 바이오, 제조업 등 현장에서 생기는 문제를 수학으로 해결 가능한 모든 분야에서 수학이 쓰이고 있다고 해도 과언이 아니지요. 특히 최근에는 매일 쏟아지는 엄청난 양의 데이터를 분석하고, 이 결과를 가치 있게 만들어주는 빅데이터 분야에서도 수학은 선택이 아닌 필수입니다.

믿을 수 없겠지만 점점 수학이 없으면 안 되는 시대가 옵니다. 아니 이미 시작됐습니다. 수학이라는 학문 자체의 쓰임보다는, 수학을 늘 가까이에 두고 들여다보고 자주 생각하면서 저절로 얻게 되는 생각하는 힘, 여러 사물을 연상하는 능력 등이 주목받고 있는 것이지요.

수학은 과학과 다르게 '대중화'가 아직 걸음마 수준입니다. 어떤 사람은 농담처럼 수학 대중화가 웬만한 수학 난제보다 어렵다는 말을 하더군요. 물론 곳곳에서 활약하는 우리나라 대표 수학자와 관련 전문가 덕분에 '2014 서울 세계수학자대회(ICM)'와 같은 큰 행사도 경험했지만, 아직 대중들과는 거리가 있습니다. 그래서 더 많은 사람이 수학에 관심을 갖도록 눈에 보이지 않는 수학 이야기를 눈에 보이도록 하는 노력들을 합니다.

EBSMath팀에서 제작한 영상 중 70여 개를 엄선해, 두 권에 나누어 담았습니다. 영상 자료를 기초로 제가 6년간 수학 기자로 활동하며 알게 된 새로운 정보와 그동안 잘못 알려진 내용을 바로 잡아 각 꼭지마다 알차게 담았습니다. 소설책처럼 한 번에 앉은 자리에서 읽기엔 어렵겠지만, 두고두고 꺼내 읽어 보세요. 책을 펼치는 한 사람의 작은 움직임이 머지않은 미래에 우리나라 최고의 직업으로 수학자가 되는 날을 만들게 될 지도 모르니까요.

2016년 염지현

CONTENTS

| Part 1 |

수와 연산에 관한 최소한의 수학지식

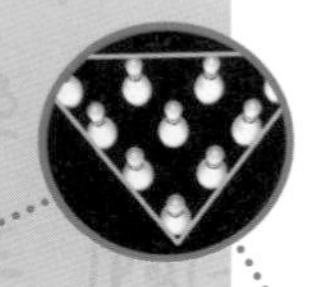

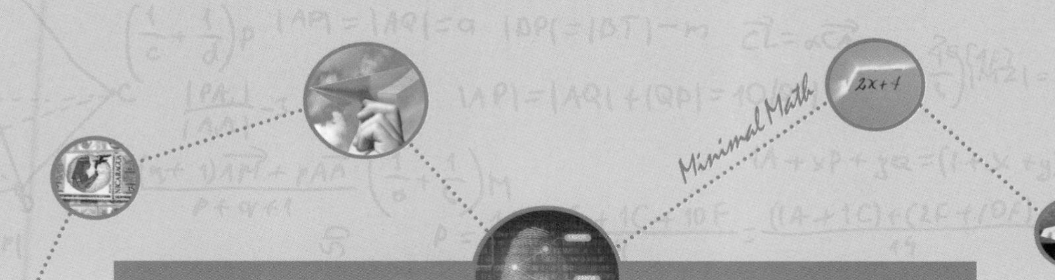

| Part 2 |

문자와 식에 관한 최소한의 수학지식

• • • •

Not everything that counts can be counted,
and not everything that can be counted counts

의미 있다고 해서 모두 셀 수 있는 것은 아니고,
셀 수 있다고 해서 모두 의미있는 것도 아니다

• 알버트 아인슈타인 •

/ Part 1 /

수와 연산에 관한 최소한의 수학지식

001

/

우리는 왜 수학을 공부하는가

수학으로 꿈을 이룬 사람들

흔히 수학은 계산에만 집중된 학문으로 알고 있지만,
수학은 상황에 맞게 문제를 파악하고
합리적인 해결책을 이끌어 내는 사고력을 키워주는 학문이다.

특히 다양한 정보가 넘치는 요즘, 수많은 데이터를 분석하는 데 수학은 필수다.

최근에는 수학자뿐만 아니라
대기업의 CEO나 과학수사를 맡은 경찰관,
새로운 수술법을 익히는 의사 등
수학이 필요 없을 것 같은 직업을 가진 사람들도
수학을 공부하며 자신이 이루고 싶은 꿈에 한 발 더 다가서고 있다.

최고의 직업, 수학자

2014년 미국의 한 취업 사이트에서 설문조사를 한 결과, 최고의 직업으로 '수학자'가 뽑혔어요. 통계학자, 보험계리사와 같은 수학 지식이 필요한 직업들이 그 뒤를 이어 상위 5위안에 있었어요. 이 조사는 200여 개의 주요 직업을 대상으로 작업 환경과 연봉, 미래 전망, 스트레스 정도를 각각 점수를 매겨 순위를 정한 결과예요.

수학자는 2013년에 비해 16계단이나 뛰어올라 1위를 차지했어요. 뿐만 아니라 수학 관련 분야도 2022년까지 23% 더 성장할 것으로 보인다고 전망했어요. 앞으로는 수학을 잘 하는 사람이 좋은 직업을 구할 확률이 높다는 말이지요.

그동안 사람들은 기초 학문으로 분류돼있는 수학을 실생활에서 그다지 쓸 일이 없다고 생각했어요. 하지만 요즘처럼 정보가 넘쳐나는 시대에는 복잡한 데이터를 분석해서 문제를 정확히 파악하고, 합리적인 해결 방안을 이끌어 내려면 수학적 사고 능력이 큰 힘을 발휘하게 된 것이죠. 이러한 이유로 최근에 다시 수학이 주목받고 있답니다.

▼ 정보가 넘쳐 나는 현대사회에서 복잡한 데이터를 분석하고, 문제를 정확히 파악하는 데 수학적 사고 능력이 필요하다.

▲ 제임스 사이먼스는 수학으로 주식 관련 데이터를 분석하고 투자해서 매년 놀라운 실적을 냈다.

수학으로 꿈을 이룬 사람들

미국인 제임스 사이먼스는 순자산이 약 13조 3362억 원에 달하는, 2014년 포브스 선정 기준 세계 부자 88위, 2008년 미국에서 돈을 가장 많이 번 사람이에요. 그가 더욱 주목받은 이유는 예전 직업 때문이에요.

제임스 사이먼스는 1974년 독특한 기하학 측정법인 '천-사이먼스 이론'을 발표해서 수학계에 이름을 알린 수학자였거든요. 그는 하버드대학교 수학과 교수로 지내다가, 어느 날 교수를 그만두고 금융계로 뛰어들었어요.

그가 세운 펀드 회사는 30년 동안 해마다 수익률 30%를 넘기며 놀라운 실적을 냈어요. 그가 이렇게 성공할 수 있었던 가장 큰 이유는 주관적인 판단을 하지 않고, 수학으로 데이터를 분석해 주식시장을 정확히 예측한 다음 투자했기 때문이에요. 그는 수학적 사고력 덕분에 엄청난 자산가로 자리매김할 수 있었던 것이죠.

▼ 스티브 잡스는 위기의 순간 수학자들의 도움을 받아 어려움을 극복했다.

위기에 빠진 스티브 잡스를 구한 것도 바로 '수학'이었어요. 경영권 분쟁에 휘말려 회사에서 쫓겨난 스티브 잡스는 1995년 애니메이션 회사인 '픽사(Pixar)'를 인수했어요. 그리고 그가 제일 먼저 한 일은 애니메이션과 전혀 상관없어 보이는 수학자들을 고용한 일이었어요. 사람 손이 아닌 방정식으로 그림을 그리려는 계획을 실행하기 위해서였어요.

예전에는 감독이 10초짜리 장면을 수정하려면, 수백 장의 그림을 다시 그려야 했어요. 반면 수학자가 방정식을 이용해 컴퓨터로 그린 그림은 수식에 입력값만 다르게 하면 각 장면을 자유롭게 수정할 수 있었어요. 덕분에 제작 기간과 투자 기간을 줄이면서도 더욱 생생한 3D 애니메이션을 만들 수 있게 됐지요.

수학 덕분에 스티브 잡스는 3D 애니메이션의 역사를 다시 썼고, 재기에 성공할 수 있는 발판을 마련했어요.

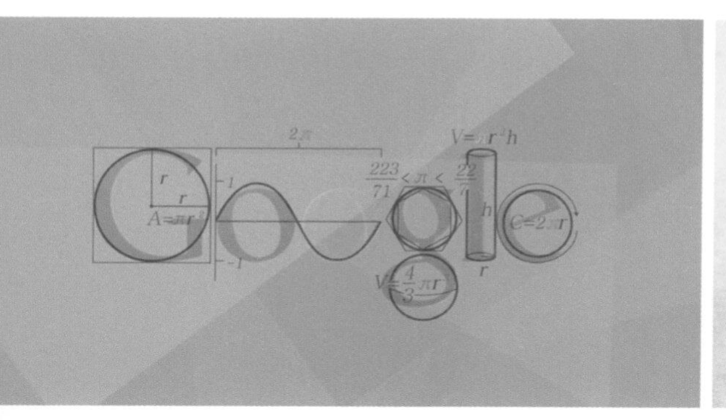

세계 최대 검색 사이트, 수학으로 탄생!

세계 최대의 검색 사이트 중 하나인 '구글(Google)'의 출발에도 수학이 있었어요. 검색 사이트에서 가장 중요한 건 사용자가 원하는 결과를 빠르고 정확하게 보여 주는 거예요.

대학원에서 컴퓨터를 전공하던 래리 페이지는 좋은 웹 페이지끼리 연결된 웹 페이지가 좋은 웹 페이지라고 생각했어요. 여기서 좋은 웹 페이지란 알맞은 정보를 제공하는 웹 페이지를 말해요.

래리 페이지는 이론과 개념은 정리했지만 좋은 웹 페이지끼리 연결할 방법은 찾지 못하고 있었어요. 그때 같은 대학원에서 응용수학을 전공하던 세르게이 브린이 이 문제를 수학적으로 접근해서 해결 방법을 찾았어요.

검색어가 포함된 웹 페이지 중에서 사람들이 자료를 참고한 횟수를 컴퓨터 알고리즘으로 헤아려 순위를 매긴 다음, 높은 순위의 결과부터 위쪽에 나타나게 했어요. 많은 사람들이 여러 번 참고한 자료일수록 좋은 웹 페이지라는 생각에서였지요. 결과는 성공적이었고, 두 사람은 공동으로 '구글'이란 기업을 창업해 세계 최대의 검색 사이트로 만들었어요.

앞으로는 수학으로 생각하는 힘과 능력을 필요로 하는 곳이 더 많아질 거예요. 그러니 이제부터 수학을 공부할 때 몇 문제를 맞히고 틀렸는지보다 답을 찾는 과정이 얼마나 논리적이었는지 생각해 보세요.

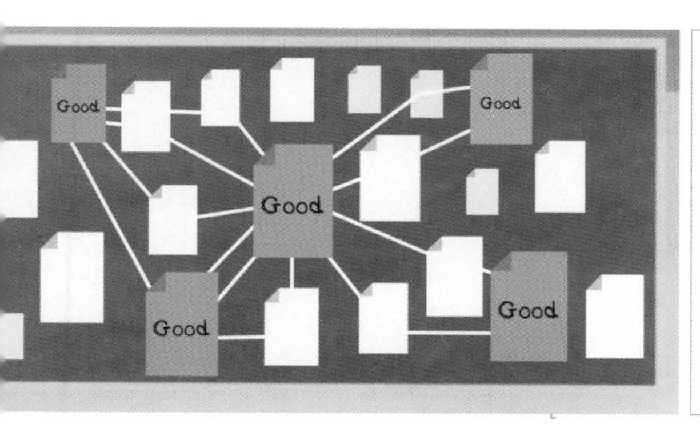

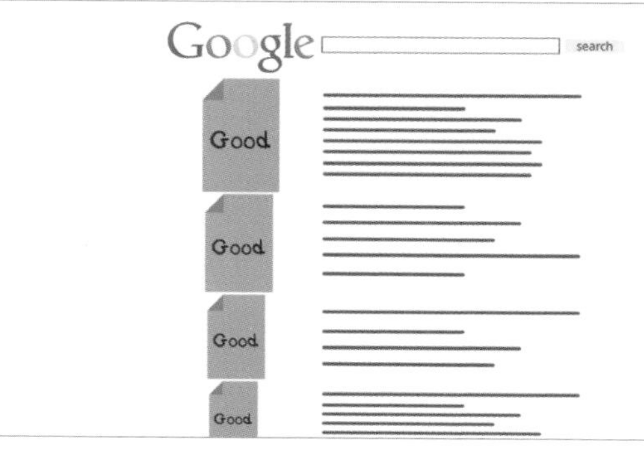

002

거듭제곱의 신비

큰 수를 간단하게 만드는 마법, 거듭제곱

10^{68} 무량수 無量數

무량수 無量數

수의 단위 중 그 값이 가장 큰 단위

읽기도 어려운 큰 수를
파격적으로 줄여 쓰는 마법 같은 방법이 있다.

바로 '거듭제곱'이다.

거듭제곱을 이용하면
백사장의 모래알도 수로 표현할 수 있고,
우리가 상상할 수도 없는 큰 수 또는
눈에 보이지 않을 정도로 아주 작은 수도
간단한 수로 나타낼 수 있다.

달콤한 꿀타래의 비밀

서울 인사동의 명물로 손꼽히는 유명 먹거리인 꿀타래는 하얀 명주실을 돌돌 감아 놓은 것처럼 보여요. 8일 동안 숙성시킨 꿀 덩어리에 구멍을 내고 전분 가루를 묻힌 다음 덩어리를 손가락 굵기만큼 늘려서 고리를 만들고, 이를 여러 번 늘리고 꼬면 실타래 모양이 돼요. 이렇게 꿀타래가 만들어져요. 이 꿀타래를 만드는 과정 속에 신기한 수학 원리가 숨어 있어요.

꿀 덩어리를 길게 늘여 꼬아서 겹칠 때마다 가닥이 늘어나요. 2가닥이었던 꿀 덩어리를 겹치면 4가닥이 되고, 4가닥을 다시 겹치면 8가닥, 8가닥을 다시 겹치면 16가닥이 돼요. 이런 과정을 반복하면 꿀 덩어리는 순식간에 수백, 수천, 수만 가닥이 돼요. 이런 일은 신기한 거듭제곱의 원리 때문에 가능해요. 2가닥이었던 꿀 덩어리를 꼬는 과정을 반복할 때마다 그 수가 제곱으로 늘어나고, 이를 14번 반복하면 2를 14번 곱한 수, 16384가닥이 돼요.

거듭제곱은 밑과 지수로 나타내요. 곱하는 수를 먼저 쓰고 '밑'이라고 부르고, 그 수를 곱한 횟수를 곱하는 수 오른쪽 위에 작게 쓰고 '지수'라고 불러요. 예를 들어 2를 14번 곱한 수는 2^{14}이라고 쓰고, 2는 밑, 14는 지수가 돼요.

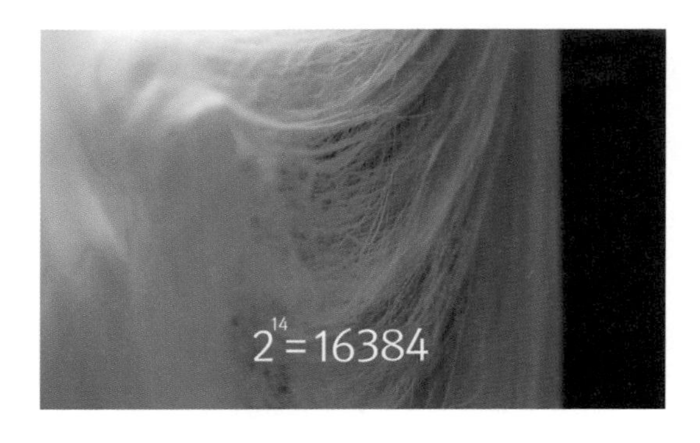

「손자산경」의 거듭제곱 문제

중국의 고전 수학서 산경십서 중 하나인 「손자산경」에는 거듭제곱에 관한 문제가 실려 있어요. 「손자산경」 제34문에 실린 문제를 소개할게요.

> *"문을 나서서 바라보니 9개의 제방이 있는데, 제방마다 나무 9그루가 있고, 나무마다 가지가 9개 있다네. 그리고 나뭇가지마다 9개의 새집이 있고, 새집마다 새 9마리가 있다네. 새마다 새끼가 9마리씩 있고, 그 새끼마다 깃털이 9가닥씩 나 있고, 그 깃털마다 9가지 색으로 돼 있다면, 각각 얼마씩 되겠는가?"*

■ 「손자산경」의 제34문 풀이법

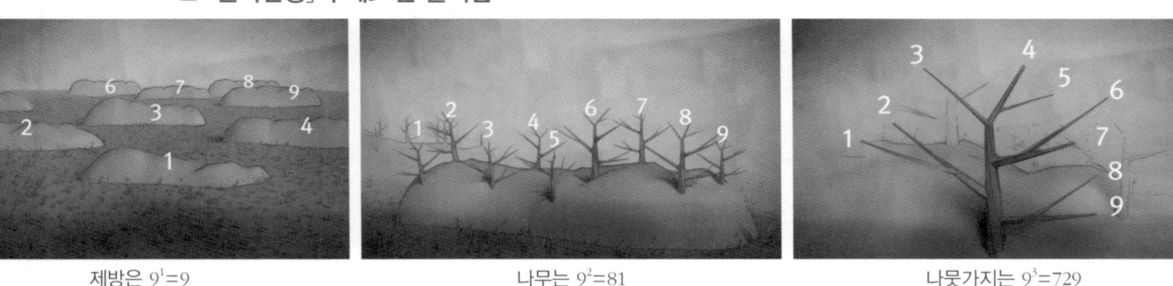

제방은 $9^1=9$ 나무는 $9^2=81$ 나뭇가지는 $9^3=729$

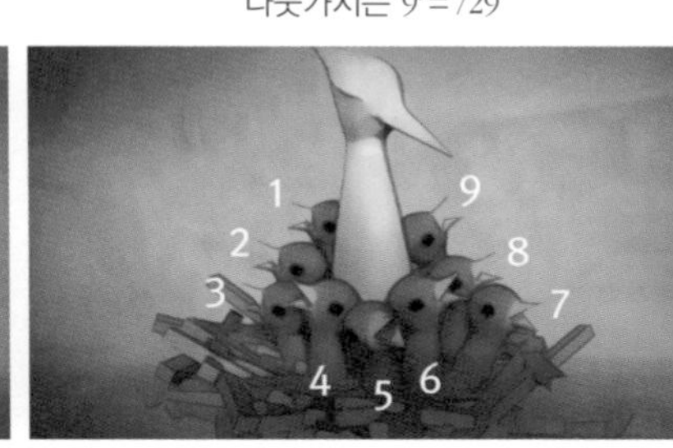

새집은 $9^4=6561$ 새는 $9^5=59049$ 새끼 새는 $9^6=531441$

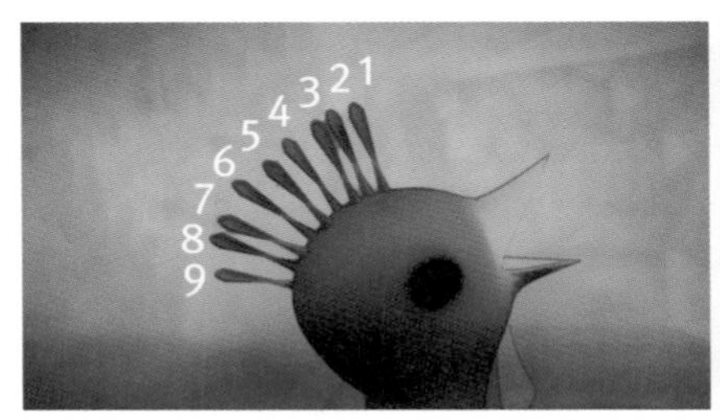

새끼 새의 깃털은 $9^7=4782969$

서로 다른 깃털의 수는 $9^8=43046721$

「손자산경」 풀이법에는 제방 9개에 9를 곱하면 나무 81그루가 되고, 여기에 다시 9를 곱하면 나뭇가지는 729개가 된다고 나와 있어요. 이런 방법으로 제방은 9, 나무는 9의 제곱, 나뭇가지는 9의 3제곱, 새집은 9의 4제곱, 새는 9의 5제곱, 새끼 새는 9의 6제곱, 새끼 새의 깃털은 9의 7제곱, 서로 다른 깃털의 수는 9의 8제곱이 되는 것을 알 수 있어요.

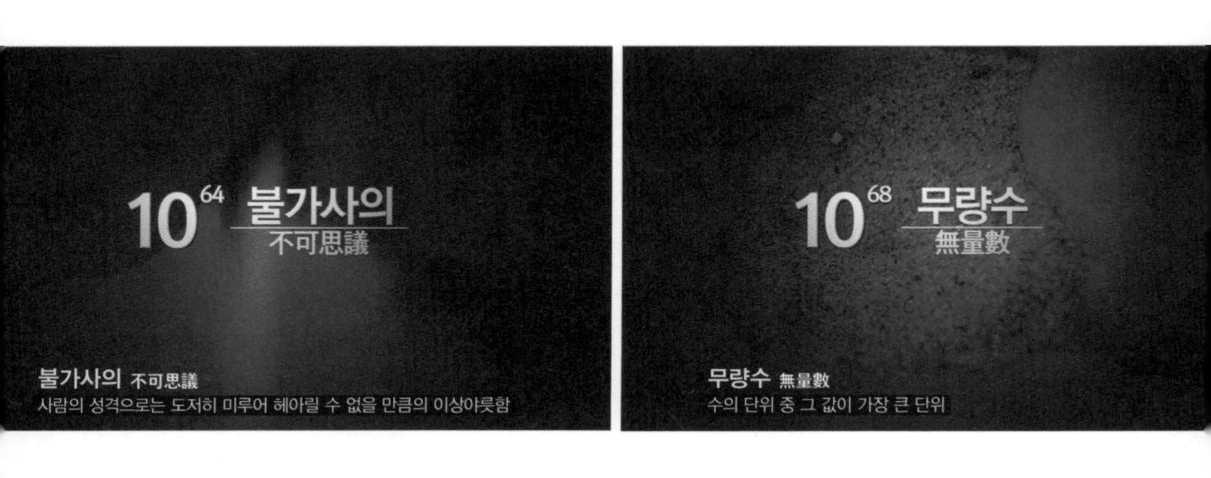

한편 불경에는 아주 큰 수들이 등장해요. 보통 사람의 생각으로는 도저히 미루어 헤아릴 수 없을 만큼 이상야릇하다는 뜻의 '불가사의'는 10의 64제곱을, 수 가운데서 가장 큰 단위를 나타내는 무량수는 무려 10의 68제곱을 말해요. 백만(1000000)이 넘는 수들은 자릿점(,) 없이 수를 표현하면, 그 수를 한눈에 알기 어려워요. 자릿수를 나타내는 0의 개수가 한눈에 들어오지 않아 헷갈리거든요. 이럴때 같은 수를 여러 번 반복하여 곱하는 거듭제곱을 이용해 10^n 꼴로 나타내면 큰 수를 헷갈리지 않고 간단하게 표현할 수 있어요.

003

에라토스테네스의 체

에라토스테네스가 생각한 소수를 찾는 방법

지구의 둘레를 처음 잰
에라토스테네스.

고대 그리스의 시인이자, 천문학자이며,
지리학자 겸 수학자인 그는
많은 분야에서 **재능**을 나타냈다.

그가 약 2300년 전에 잰 **지구 둘레의 길이는**
실제 지구 둘레의 길이와 매우 비슷했다.
또 처음으로 지도에 **위도**와 **경도**를 표시했다.

당시 유명한 수학자이자 철학자였던 **아르키메데스**는
자신을 이해할 수 있는 유일한 사람으로 **에라토스테네스**를 꼽았고,
에라토스테네스는 **제2의 플라톤**으로 불리기도 했다.

에라토스테네스가 수학 역사에 남긴 커다란 업적 중 하나는 '에라토스테네스의 체'라는 소수를 찾는 방법을 발견한 일이다.

수많은 자연수에서 소수를 찾는 방법

2, 3, 5, 7, ... 과 같이 1과 자기 자신만을 약수로 하는 소수(素數)라고 해요. 자연수가 무한히 있는 것처럼 소수도 무한히 존재해요. 고대 그리스 수학자 유클리드는 소수가 무한함을 증명했어요. 수많은 자연수에서 소수를 찾는 건 쉽지 않은 일이에요.

지구 둘레의 길이를 처음으로 찾아낸 고대 그리스의 수학자 에라토스테네스는 자연수에서 소수를 찾는 방법을 생각했어요. 소수가 아닌 수를 하나씩 지워나가면서 구하는 방법이죠.

2	3	~~4~~	5	~~6~~	7	~~8~~	9	~~10~~
~~12~~	13	~~14~~	15	~~16~~	17	~~18~~	19	~~20~~
~~22~~	23	~~24~~	25	~~26~~	27	~~28~~	29	~~30~~
~~32~~	33	~~34~~	35	~~36~~	37	~~38~~	39	~~40~~
~~42~~	43	~~44~~	45	~~46~~	47	~~48~~	49	~~50~~
~~52~~	53	~~54~~	55	~~56~~	57	~~58~~	59	~~60~~

~~1~~	**2**	**3**	~~4~~	5	~~6~~	7	~~8~~	~~9~~	~~10~~
11	~~12~~	13	~~14~~	~~15~~	~~16~~	17	~~18~~	19	~~20~~
~~21~~	~~22~~	23	~~24~~	25	~~26~~	~~27~~	~~28~~	29	~~30~~
31	~~32~~	~~33~~	~~34~~	35	~~36~~	37	~~38~~	~~39~~	~~40~~
41	~~42~~	43	~~44~~	~~45~~	~~46~~	47	~~48~~	49	~~50~~
~~51~~	~~52~~	53	~~54~~	55	~~56~~	~~57~~	~~58~~	59	~~60~~

~~1~~	**2**	**3**	~~4~~	**5**	~~6~~	**7**	~~8~~	~~9~~	~~10~~
11	~~12~~	**13**	~~14~~	~~15~~	~~16~~	**17**	~~18~~	**19**	~~20~~
~~21~~	~~22~~	**23**	~~24~~	~~25~~	~~26~~	~~27~~	~~28~~	**29**	~~30~~
31	~~32~~	~~33~~	~~34~~	~~35~~	~~36~~	**37**	~~38~~	~~39~~	~~40~~
41	~~42~~	**43**	~~44~~	~~45~~	~~46~~	**47**	~~48~~	~~49~~	~~50~~
~~51~~	~~52~~	**53**	~~54~~	~~55~~	~~56~~	~~57~~	~~58~~	**59**	~~60~~

▲ 1부터 100까지의 자연수를 차례로 적은 다음, 소수가 아닌 수를 하나씩 지워 가면서 소수를 찾는다.

에라토스테네스는 1부터 100까지의 자연수를 차례로 적은 다음, 소수가 아닌 수를 하나씩 지워 가는 방법으로 소수를 찾았어요. 모든 수의 약수인 1을 제일 먼저 지우고, 그다음 2는 1과 자기 자신만 약수로 갖는 소수이므로 남겨 두고 나머지 2의 배수인 짝수를 모두 지웠어요. 3 역시 1과 자기 자신만 약수로 갖는 소수니까, 소수 3은 남겨 두고 나머지 3의 배수를 모두 지웠어요. 계속해서 같은 방법으로 발견하는 소수만 남겨 두고 나머지 소수의 배수를 지우니 1과 100 사이의 소수를 모두 찾을 수 있었지요.

이 방법은 마치 체에 자연수를 걸러 소수를 찾는 것 같다고 해서 발견한 사람의 이름을 따 '에라토스테네스의 체'라고 불린답니다.

004

/

메르센 소수의 탄생

큰 소수를 찾아라!

세상에서 가장 큰 소수를 찾으면
10만 달러의 주인공이 될 수 있다?
예부터 수학자들은 일생을 바쳐
소수의 규칙을 찾기 위해 노력해 왔다.

소수의 발생 과정에서는
그 어떤 규칙과 공식도 찾을 수 없었다.

소수를 향한 뜨거운 관심은 오늘날까지 계속되고 있다.
수학자뿐만 아니라 소수에 관심이 있는
전 세계 사람들이 모여 더 큰 소수를 찾기도 한다.

이 과정에서 종종 소수를 찾는
새로운 방법이 발견되는데,
그중 하나가 바로 '메르센 소수'다.

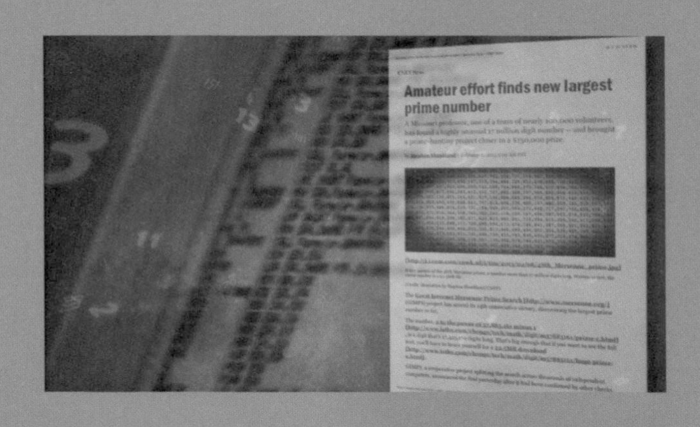

에라토스테네스
B.C. 276~B.C. 194년 경
고대 그리스 수학자, 천문학자

유클리드
B.C. 330~B.C. 275
고대 그리스 수학자

소수의 규칙을 찾으려는 수학자들

소수는 1보다 큰 자연수 중 1과 자기 자신만을 약수로 갖는 수예요. 따라서 자연수 중 1이외에 다른 약수가 있는지 확인하는 방법으로 소수인지 아닌지를 확인할 수 있어요. 하지만 수가 커지면 약수를 찾는 방법만으로는 소수인지 아닌지 알아내기 어려워요. 이런 이유로 수학자들은 옛날부터 소수의 규칙을 찾고 싶어 했어요.

고대 그리스의 수학자 에라토스테네스는 소수의 배수를 지워 가면서 소수를 찾았고, 유클리드는 소수가 무한하다는 것을 증명했어요.

페르마 수의 탄생

소수의 규칙을 찾던 사람들은 그 과정에서 새로운 수를 발견하기도 했어요. 소수를 말할 때 빼놓을 수 없는 사람이 있어요. 바로 1600년대 프랑스 지방법원에서 일했던 판사 페르마예요. 그는 수학을 취미로 했던 아마추어 수학자지만, 17세기 최고의 수학자로 꼽히는 사람이에요. 여가 시간마다 수에 대해 생각하고 연구했던 페르마에게 소수는 아주 매력적인 수였어요.

어느 날 페르마는 소수에 관한 중요한 식을 찾아냈어요. 바로 n이 음이 아닌 정수일 때, $2^{2^n}+1$이 소수가 된다는 사실이에요. 이것이 바로 오늘날 '페르마 수'라고 불리는 수예요.

페르마는 n에 1부터 5까지 대입한 결과가 모두 소수일거라 생각했어요. 하지만 18세기 독일의 수학자 가우스가 페르마의 생각이 잘못되었다는 것을 증명했어요. n이 5일 때 페르마 수 4294967297은 641과 6700417의 곱으로 나타낼 수 있는 합성수(1과 자기 자신 외에 약수를 가진 수)였던 거예요. 따라서 오늘날까지 알려진 가장 큰 페르마 수는 n이 4일 때 값인 65537이에요.

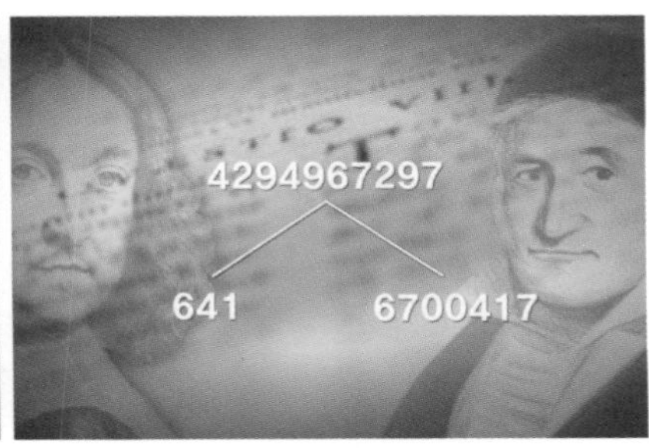

▲ n이 5일 때 페르마 수 4294967297은 합성수이다. 따라서 현재까지 알려진 가장 큰 페르마 수는 n이 4일 때 값이다.

메르센 수의 탄생

큰 소수를 찾아내는 데 획기적인 발상을 한 사람은 17세기 프랑스의 수학자이자 수도사였던 메르센이에요. 그가 수학자로서 이룬 업적 가운데 하나가 바로 소수를 자신만의 방법으로 정리한 거예요. 메르센은 n이 1보다 클 때, 2^n-1로 소수를 찾는 방법을 제안하고 이 수를 '메르센 수'라고 불렀어요.

메르센은 n에 2부터 순서대로 수를 대입해 보고, n이 2, 3, 5, 7일 때 그 결과값이 소수인 것을 알아냈어요. 여기서 n이 소수일 때, 그 결과값도 소수일 가능성이 크다는 사실도 알게 되었지요. 물론 n이 11일 때와 같이 결과값 ($2^{11}-1=2047=23\times89$)이 소수가 아닌 경우도 있었어요.

1644년 메르센은 오랜 연구 끝에 n이 2, 3, 5, 7, 13, 17, 19, 31, 67, 127, 257일 때만 2^n-1이 소수가 된다고 발표했어요. 이처럼 메르센 수 중에서 소수가 되는 수를 구분해 '메르센 소수'라고 불렀어요.

18번째 메르센 소수, 컴퓨터로 찾다!

사람들은 여전히 메르센의 방법으로 소수를 찾고 있어요. 아직 더 큰 소수가 있을 것만 같은 직감 때문이에요. 하지만 수가 점점 커지자, 2^n을 계산하기가 쉽지 않았어요.

▲ 1957년 스웨덴 수학자 한스 리젤은 컴퓨터로 18번째 메르센 소수를 찾았다.

그러다 1957년 9월 스웨덴의 수학자 한스 리젤이 컴퓨터로 18번째 메르센 소수를 찾았어요. 이를 시작으로 수많은 수학자들이 컴퓨터를 이용해 메르센 소수를 찾기 시작했어요.

미국 캘리포니아주에 있는 전자프런티어재단(Electronic Frontier Foundation; EFF)은 1996년부터 메르센 소수를 찾기 위한 공동 프로젝트, GIMPS 프로젝트를 진행하고 있어요. 재단이 메르센 소수를 찾으려고 만든 소프트웨어는 무료로 인터넷으로 내려받을 수 있어서, 원하는 사람은 누구나 함께 참여할 수 있어요. 이 프로젝트로 메르센 소수를 13개나 발견했어요. 이 중에서 39번째로 찾아낸 메르센 소수는 자릿수가 무려 405만 3946이나 되는 엄청난 수랍니다.

큰 소수의 가치

GIMPS Great Internet Mersenne Prime Search
메르센 소수를 찾는 사람들의 공동 프로젝트

새로운 메르센 소수를 발견하는 일은 학문적으로도 의미가 있지만, 발견한 소수의 자릿수에 따라 크고 작은 상금을 주기 때문에 많은 사람들이 관심을 보여요.

전자프런티어재단은 매번 새로운 메르센 소수를 발견하는 사람이나 단체에게는 상금으로 3000달러를 줘요. 여기에 처음으로 1000만 자리 메르센 소수를 발견하면 10만 달러, 1억 자리 메르센 소수를 발견하면 15만 달러의 특별 상금을 준다고 발표했어요.

실제로 2008년 미국 UCLA대학교 수학과 연구원이었던 에드슨 스미스는 공동 연구팀과 함께 75대의 컴퓨터를 이용해 1297만 8189 자리의 메르센 소수를 발견했어요. 스미스가 발견한 소수는 최초로 1000만 자리를 넘는 소수로, 약속 대로 그는 특별 상금 10만 달러를 받았어요.

지난 2016년 1월에는 미국 센트럴미주리대학교 커티스 쿠퍼 교수가 2233만 자리의 새로운 소수를 찾았어요. 그 역시 GIMPS 프로젝트 소속으로 프로젝트 소프트웨어를 이용했지요. 이 수는 49번째 메르센 소수이며 $2^{74207281}-1$로 이전에 발견된 가장 큰 소수보다 500만 자리나 더 큰 소수예요.

소수는 수학이라는 학문에서뿐만 아니라, 중요한 보안 기술에서도 큰 역할을 하고 있어요. 거대한 소수를 발견하면 이를 이용해 더욱 안전한 암호를 만들 수 있거든요. 또 그 과정에서 소수의 규칙에 대한 연구를 이어갈 수 있어, 암호학 발전에도 큰 도움이 된답니다.

소수 찾기 도전은 지금도 계속 되고 있어요. 소수는 무한하므로 언제든지 여러분도 상금의 주인공이 될 수 있답니다.

005

소수로 만든 나만의 암호

내 정보를 지키는 RSA 암호

과거에 암호는 주로 군대에서 적에게 들키지 않고
아군에게 **정보나 명령을 전달**할 때 사용했다.

현대사회에서 암호는 군대뿐만 아니라
일상생활 속 여러 분야에서
신분을 확인하는 수단으로 사용하고 있다.

초기 암호는 문자의 순서를 바꾸거나,
일정한 규칙을 따르는 **단순한 암호**를 사용했다.
암호가 단순한 만큼 비밀은 오래 지속되진 못했다.

수학자들은 규칙성 없는
수의 성질을 이용해
새로운 암호를 만들었다.
소인수분해가 어려운 두 소수의 곱이
암호를 만드는 원리다.

이 암호를 RSA **암호**라 부르고,
인터넷 거래나 온라인으로 **은행 업무**를 볼 때 사용하고 있다.

헤로도토스
B.C. 484~B.C. 425
고대 그리스 역사가

노예 머리에 새긴 암호

우리 생활 곳곳에는 보안을 위한 기술이 숨어 있어요. 예를 들어 현금 대신 사용하는 신용카드에는 나만 알고 있는 비밀번호가 있고, 인터넷 쇼핑이나 게임, 메일 확인을 하려면 비밀번호를 알아야 사이트에 접속할 수 있어요. 각 개인의 정보를 지키는 비밀번호는 일종의 암호예요. 그렇다면 이런 암호는 언제부터 사용했을까요?

고대 그리스의 역사학자 헤로도토스가 쓴 역사책에는 그 당시 암호에 대한 재미있는 이야기가 실려 있어요. 당시에는 노예의 머리카락을 전부 깎은 다음, 머리에 메시지를 써서 상대방에게 암호를 전달했대요. 머리카락이 다시 자라서 메시지가 보이지 않게 되면 상대방에게 노예를 보내고, 상대방은 다시 노예 머리카락을 깎아 그 내용을 확인하는 거예요. 역사책에 기록된 아주 오래된 이 방식은 메시지가 다른 사람에게 들킬 가능성은 꽤 낮았지만, 시간이 오래 걸린다는 단점이 있었어요.

이렇듯 암호는 비밀 유지를 위해 당사자끼리만 알 수 있도록 꾸민 부호나 신호를 말해요.

스키테일 암호와 카이사르 암호

암호는 시간이 흐르면서 계속 발전했어요. 과거에는 전쟁이 많아서 지휘관들이 부하들에게 작전을 명령할 때 암호를 많이 사용했어요. 그중 하나가 스키테일 암호예요. 스키테일 암호는 스키테일이라고 하는 길이와 굵기가 같은 막대기에 암호가 적힌 기다란 양피지를 감아 읽어야만 제대로 된 메시지가 나타나는 원리예요.

스키테일 암호
암호가 적힌 양피지의 리본을 원통형의 나무 막대에 감아 읽으면 내용이 드러나는 암호화 방법

기록으로 남아 있는 가장 오래된 암호 중 하나는 '카이사르 암호'예요. 로마의 황제 카이사르는 브루투스에게 암살당하기 전, 지혜로운 친구 키케로에게 QHYHUWUXVWEUXWXV라고 적어 보냈어요. 다른 사람이 그 내용을 알지 못하도록 암호로 메세지를 보낸 것이죠. 이때 사용한 방법을 '카이사르 암호'라고 하는데, 원래의 알파벳 대신 순서를 몇 칸씩 이동한 알파벳을 적는 방법이에요. 카이사르는 알파벳을 3칸씩 이동시켜 암호를 만들었어요. 즉 카이사르의 암호를 푸는 열쇠는 '3'인 거예요.
카이사르가 키케로에게 보낸 메시지를 해독하면 다음과 같아요.

"NEVER TRUST BRUTUS"

즉 자신을 암살한 브루투스를 믿지 말라는 내용이에요.

카이사르 암호의 원리
원래의 알파벳 대신 몇 칸씩 이동한 알파벳을 적는 방법

에니그마
암호의 작성과 해독을 할 수 있는 암호 기계

앨런 튜링
1912~1954
영국 수학자, 물리학자

암호 기계, 에니그마

제2차 세계대전 당시에도 암호는 중요한 역할을 했어요. 독일군은 '수수께끼'라는 뜻을 가진 암호 기계 '에니그마'를 사용해 작전 내용을 전달했어요. 하지만 영국의 수학자 앨런 튜링이 암호를 푸는 바람에 독일 연합군의 작전이 들통나고 말았어요. 미국 연합군은 앨런 튜링이 푼 암호를 바탕으로 노르망디 상륙 작전을 실시해 제2차 세계대전에서 승리했어요.

소수로 만든 RSA 암호

현대사회에서 암호는 상상하지 못할 만큼 복잡한 모습을 하고 있어요. 또 생각보다 훨씬 많은 곳에서 사용되고 있지요. 오늘날에는 단순히 개인적으로 비밀 편지를 쓰는 데 그치지 않아요. 게다가 신분을 알 수 없는 많은 사람들과 가상의 공간에서 통신을 하기 때문에 더욱 복잡하고 안전한 암호를 써야 해요.

현대의 암호는 어떤 모습을 하고 있을까요? 또 어떤 원리로 만들어졌을까요? 1977년 미국 매사추세츠 공과대학에서 수학과 컴퓨터를 연구하던 로널드 라이베스트, 아디 샤미르, 레너드 애이들먼은 소수의 특징에 주목했어요. 모든 합성수는 소수의 곱으로 표현할 수 있어요. 하지만 합성수가 어떤 소수의 곱으로 이루어졌는지 알기는 쉽지 않아요. 물론 21과 같이 작은 수는

3과 7의 곱으로 이루어져 있다는 사실을 금방 알 수 있지만, 자릿수가 조금만 많아져도 어떤 합성수를 이루는 두 소수를 찾기란 쉽지 않아요. 특히 몇 백조가 넘는 큰 수는 사람은 물론 컴퓨터로도 계산하기가 어려워요. 계산을 한다고 해도 100년이 넘는 시간이 필요하니까요. 세 사람은 큰 소수의 곱이 소인수분해가 힘들다는 점을 활용해 암호를 만들고, 세 사람 이름의 앞 글자를 따서 'RSA 암호'라고 불렀어요.

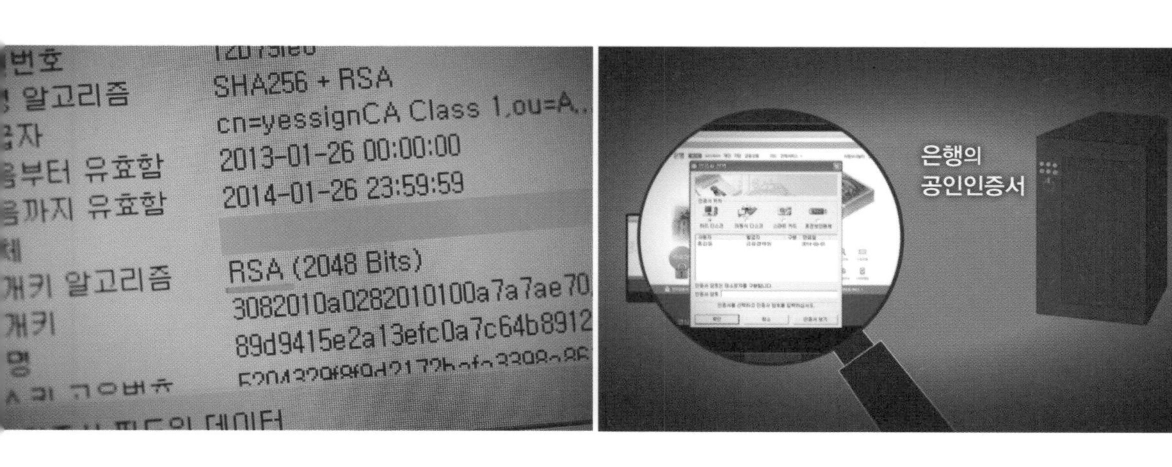

RSA 암호는 인터넷으로 금융 거래를 할 때 주로 사용해요. 특히 은행이 사용자를 직접 확인할 수 없는 인터넷 거래는 신분 확인이 꼭 필요하기 때문에 반드시 철저한 보안 기술이 뒷받침돼야 해요. 사용자의 개인 정보를 컴퓨터의 공인인증서에 암호화하고, 여기에 커다란 소수를 곱해 새로운 합성수가 만들어지면 이것을 금융 전산망에 전송해요. 사용자가 금융 거래를 하려고 할 때, 전산망에서는 사용자가 입력한 비밀번호로 암호를 풀어 신분을 확인하고 거래를 승인하는 원리예요. 이때 만약 사용자가 잘못된 비밀번호를 입력하면, 전산망에서는 신분 확인을 할 수 없어 거래가 거절되는 거예요.

다시 말해 대문 앞에 커다란 수를 걸어 놓고, 소인수분해를 해야 문을 열어 주는 방식이에요. 이렇게 인터넷 세상의 보안이 소수 덕분에 유지되고 있답니다.
하지만 RSA 암호는 해커들의 공격을 꾸준히 받아 왔어요. 게다가 최근에는 양자컴퓨터의 등장으로 조만간 RSA 암호가 쉽게 풀릴 거라는 연구 결과가 발표됐어요.
수학자들은 새로운 암호를 연구 중에 있답니다. 풀리지 않는 암호는 없지만, 암호를 해독하는 데 오래 걸리도록 만드는 게 수학자들의 목표예요. 우리의 소중한 정보를 지키는 암호, 그 핵심 기술에는 수학이 꼭 필요하다는 사실을 잊지 마세요.

006

/

나눔의 수, 유리수

「파피루스」에 기록된 낙타 분배 문제

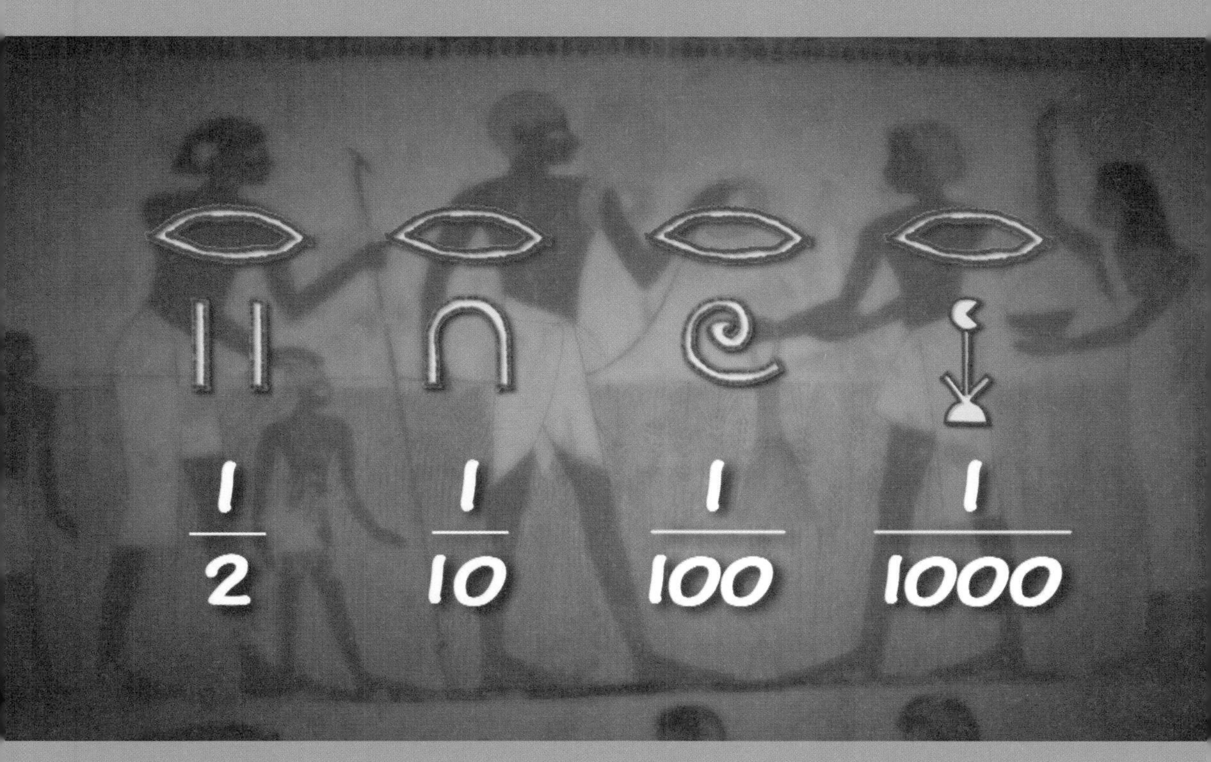

인류는 **문명의 발달**로 수의 발전을 이뤘다.
물건의 개수를 나타내는 방법으로 **자연수**를 쓰기 시작했고,
뒤이어 **정수 개념**이 생겨났다.
전체의 절반처럼 자연수나 정수로 표현할 수 없는 때에는
분수를 사용했다.
고대 이집트에서는 분수를 나타내는데 **특별한 기호**를 사용하기도 했다.

이집트의 서기관 아메스가 작성한 「파피루스」에는 한 가족의 낙타 유산 분배에 대한 문제를 분수로 해결하는 이야기가 소개돼 있다.

이 이야기는 **분수**와 **나눔의 수**인 **유리수**의
특징을 잘 드러내고 있다.

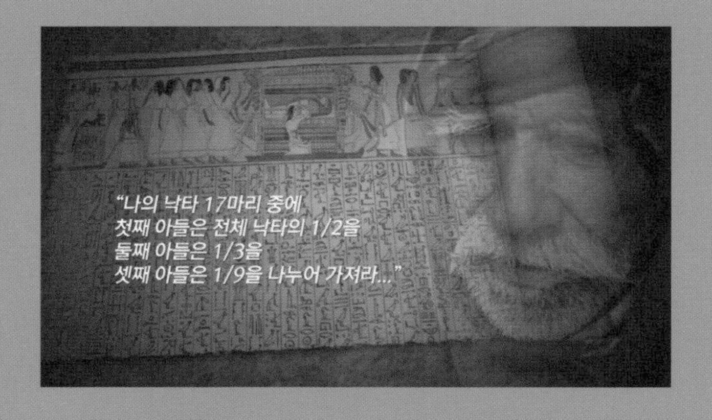

나눔의 수, 유리수

나무에 탐스럽게 열린 사과 하나가 갑자기 땅으로 떨어져 반으로 쪼개졌어요. 이때 사과 반 개는 어떤 수로 나타낼 수 있나요?

하나가 둘로 나뉘는 개념을 식으로 나타내면, 간단히 $1 \div 2$라고 쓸 수 있어요. 그런데 정수 중에는 $1 \div 2$의 답이 없어요. 이럴 땐 유리수를 사용해 $\frac{1}{2}$로 표현하지요. 이렇게 유리수는 분수 꼴로 나타낼 수 있는 수를 말해요.

흔히 분수와 유리수를 같은 개념이라고 생각하기 쉽지만, 사실 분수는 수를 표현하는 하나의 방법일 뿐이에요. 분수 중에서 분모와 분자가 모두 정수라면, 이를 유리수라고 말해요. 이때 분모는 0이 될 수 없어요. 유리수는 정수인 유리수와 정수가 아닌 유리수로 분류할 수 있어요.

측량의 도구, 유리수

지금까지 밝혀진 유리수에 관한 최초의 기록은 고대 이집트 벽화에서 찾아볼 수 있어요. 당시 생활 모습이 고스란히 담긴 벽화에는 주로 농사짓는 모습이 그려져 있어요. 그중 특이하게 밧줄을 들고 서 있는 사람이 눈에 띄어요. 이 사람은 왜 밧줄을 들고 있을까요? 땅을 측량하기 위해서예요.

우기가 찾아오면 나일강이 자주 범람했어요. 열심히 가꾼 농작물을 잃는 것은 물론, 땅의 경계가 희미해져 경작지의 경계선마저 사라지곤 했어요. 때문에 우기가 끝나면 충분한 물이 공급돼 땅은 비옥해졌지만, 사람들은 저마다 자신의 땅이라 주장하며 끊임없이 다퉜어요.

▲ 고대 이집트 사람들은 밧줄로 땅을 측량했다.

그래서 강이 범람할 때마다 사라졌다 다시 나타나는 땅을 정확히 측

▲ 이집트 사람들은 유리수로 땅을 정확히 나눴다.

▲ 고대 이집트 사람들이 사용하던 분수의 표기법

량해 주인에게 돌려주는 일이 무엇보다 중요한 일이었어요. 당시 사람들은 땅을 정확히 나누기 위해 유리수를 사용해 땅을 측량했어요. 고대 이집트 사람들은 특별한 기호를 이용해 분수를 표현하고, 분수로 땅의 넓이를 나타냈어요. 덕분에 다툼이 크게 줄어들었다고 해요.

「파피루스」의 낙타 유산 분배 문제

이집트 「파피루스」에는 한 가족의 낙타 유산 분배 문제를 분수로 해결하는 이야기가 소개돼 있어요.

이집트의 한 상인은 세 아들에게 다음과 같은 유언장을 남겼어요.

"나의 낙타 17마리 중에 첫째 아들은 전체 낙타의 $\frac{1}{2}$을, 둘째 아들은 $\frac{1}{3}$을, 셋째 아들은 $\frac{1}{9}$을 가져라"

세 아들은 아버지의 유언대로 사이좋게 낙타를 나누어 가지고 싶었지만 쉽지 않았어요. 왜냐하면 17은 2로도, 3으로도, 9로도 나눠지지 않는 수였기 때문이에요. 결국 세 아들은 뾰족한 해결책을 얻지 못하고 싸우게 됐어요.

그때 상황을 지켜보던 한 노인이 자기가 타고 있던 낙타 1마리를 빌려줬어요. 노인은 첫째 아들에게 낙타 18마리 중의 $\frac{1}{2}$인 9마리를, 둘째 아들에게는 18마리 중의 $\frac{1}{3}$인 6마리를, 셋째 아들에게는 18마리 중의 $\frac{1}{9}$인 2마리를 나눠 줬어요. 그런 후 세 아들에게 나눠 준 낙타의 수를 세어 보니 모두 17마리였어요. 노인은 빌려주었던 낙타 1마리를 돌려받았어요.

이렇게 유리수는 같은 값이라도 분모를 어떻게 다르게 만드느냐에 따라서 계산이 쉬워지기도 하고, 반대로 어려워지기도 해요. 낙타 유산 분배 문제는 유리수 계산을 위해 분모를 결정하는게 얼마나 중요한지를 보여 주는 문제랍니다. 문제 해결의 열쇠가 된 '1', 풀리지 않는 유리수 계산 문제가 나타나면 이 방법도 한번 떠올려 보세요.

▣ 고대 이집트 「파피루스」의 낙타 유산 분배 문제

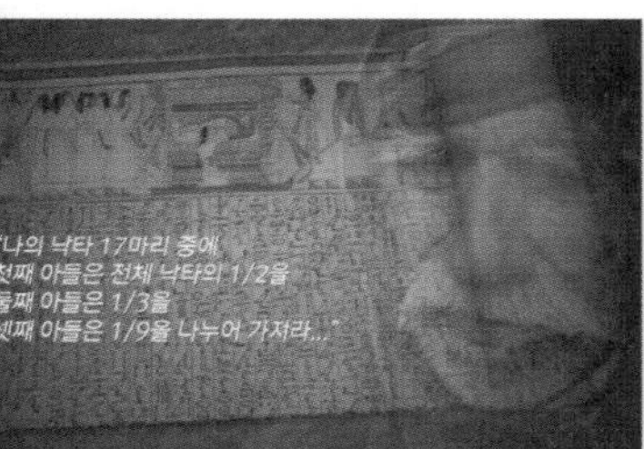

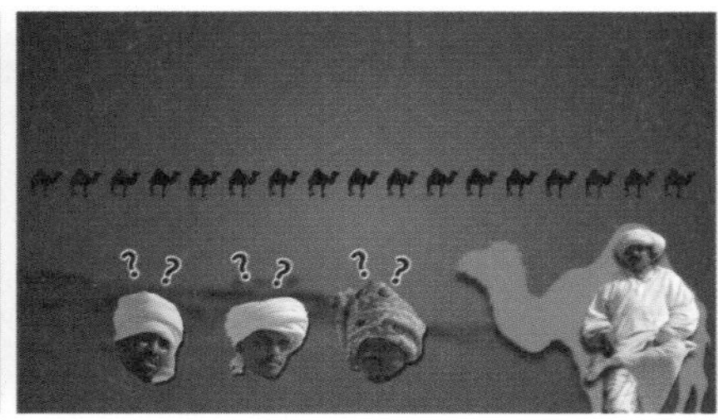

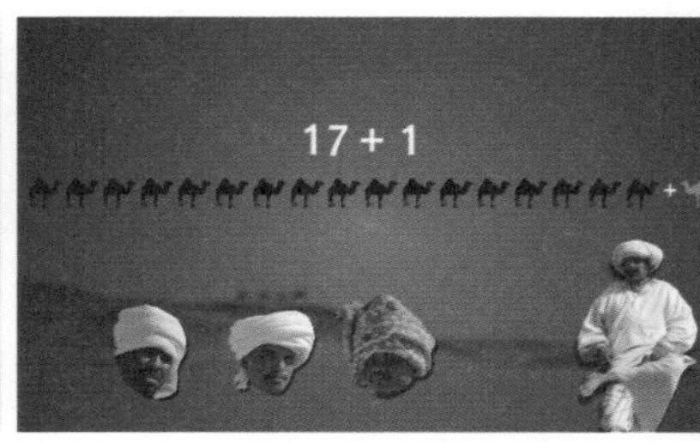

낙타 17마리 유언대로 나눌 수 없자, 지나가던 노인이 낙타 1마리를 빌려주었다.

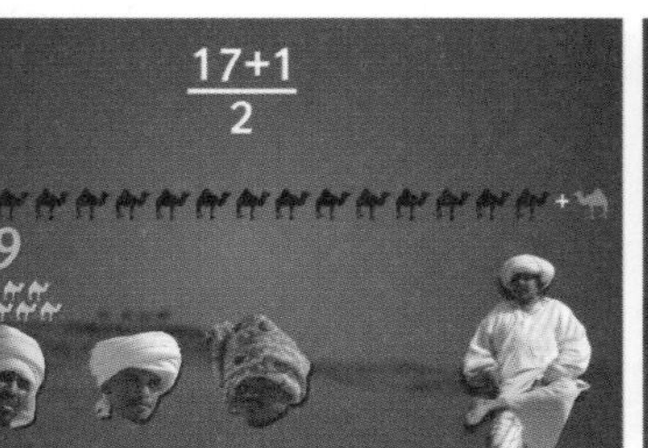

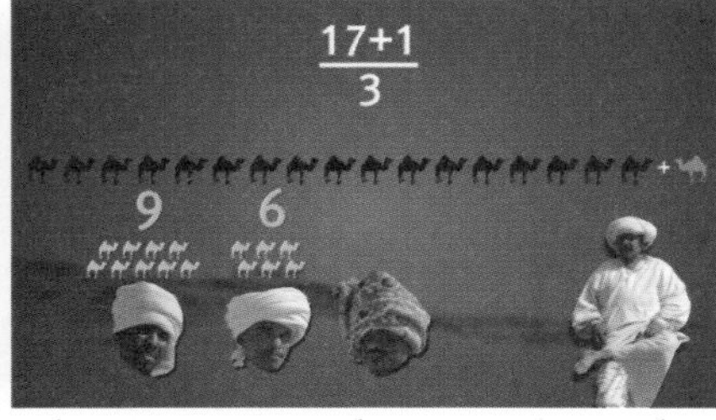

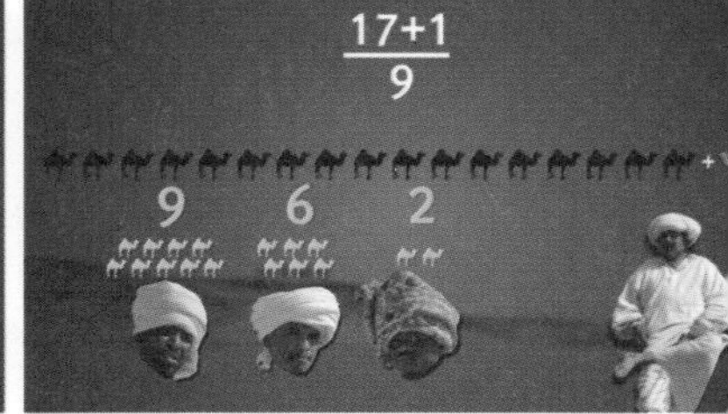

첫째에게 낙타 18마리의 $\frac{1}{2}$인 9마리, 둘째에게 $\frac{1}{3}$인 6마리, 셋째에게 $\frac{1}{9}$인 2마리를 나눠 주었다.

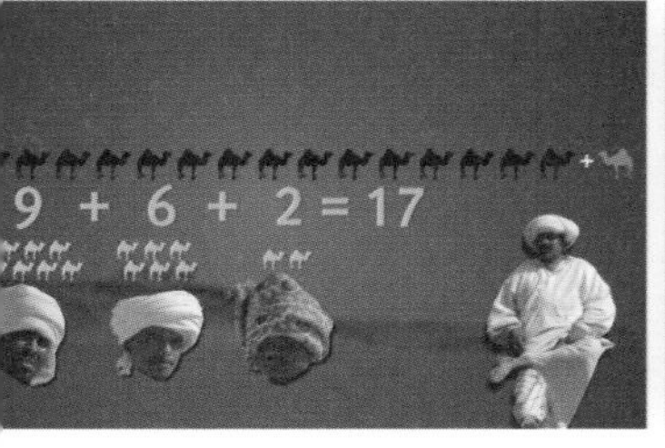

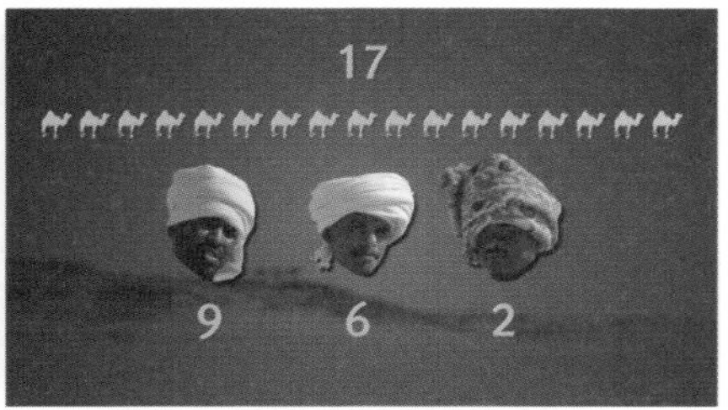

세 아들이 나눠 가진 낙타는 모두 17마리였고, 노인은 자신의 낙타 1마리를 가지고 떠났다.

007

/

피타고라스가 찾아낸 화음 속 비밀

음악을 아름답고 조화롭게 만드는 유리수

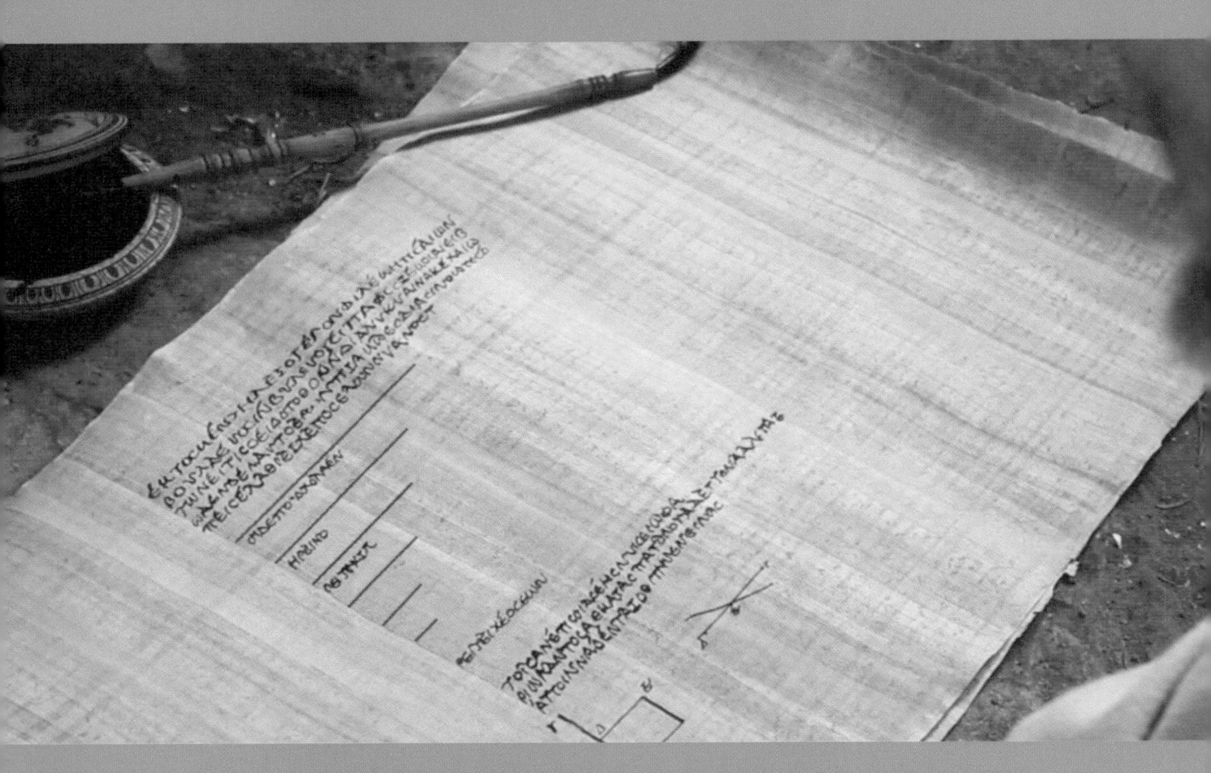

아름다운 소리를 들려주는 **피아노**, **기타**, **하프**.
그 속에 **수**가 숨어 있다?

악기가 소리를 내면 **공기**가 진동하고
그 **진동**이 귀로 전달 돼 소리를 듣게 된다.
악기는 저마다 서로 다른 소리를 내는데,
이때 얼마나 자주 공기가 떨리는지 알면
각 **소리의 진동수**를 알 수 있다.

놀랍게도 아름다운 화음으로 들리는 소리는 그 진동수의 비율이 '유리수'로 표현된다.

특히 기타나 하프 같은 **현악기**는
현의 길이 비가 유리수일 때
아름답고 조화로운 소리를 연주할 수 있다.

음악의 비밀을 알아낸 피타고라스

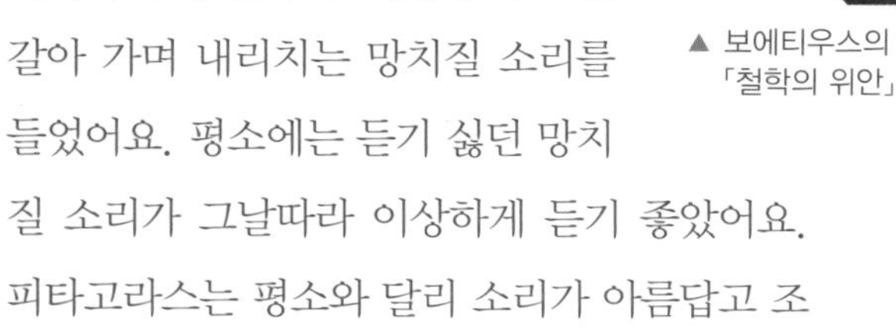

▲ 보에티우스의 「철학의 위안」

6세기 로마의 철학자 보에티우스의 책 「철학의 위안」을 보면, 그리스의 유명한 철학자이자 수학자인 피타고라스가 음률의 수학적 체계를 정리했다고 나와요.

어느 날 피타고라스는 대장간 옆을 지나가다 우연히 두 대장장이가 번갈아 가며 내리치는 망치질 소리를 들었어요. 평소에는 듣기 싫던 망치질 소리가 그날따라 이상하게 듣기 좋았어요. 피타고라스는 평소와 달리 소리가 아름답고 조화롭게 들린 이유에 대해 생각했어요.

그 비밀은 망치 무게였어요. 망치 무게에 따라 망치질 소리의 음정이 서로 다르다는 사실을 발견했지요. 음정은 높이가 다른 두 음 사이의 간격을 말해요. 예를 들어 망치의 무게가 6과 12, 즉 그 비가 1:2인 망치를 같이 두드리면 높이만 다를 뿐 한 옥타브 차이의 같은 소리가 나요. 망치 무게의 비가 2:3인 경우에는 망치질 소리가 완전 5도를 이루었어요.

피타고라스는 2와 3, 즉 $\frac{2}{3}$의 비율이면 어떤 것이든 조화로운 소리를 만들어 낸다는 사실을 깨달았어요. 그는 계속해서 조화로운 소리를 연구했고, 오늘날 우리에게 익숙한 7음계를 완성했어요.

▼ 어떤 음을 기준으로 음 길이의 비율이 $\frac{2}{3}$를 이루는 음은 항상 화음을 이루고, 이 방법으로 찾은 화음을 다시 배열하면서 음 길이를 달리하면 7음계를 찾아낼 수 있다.

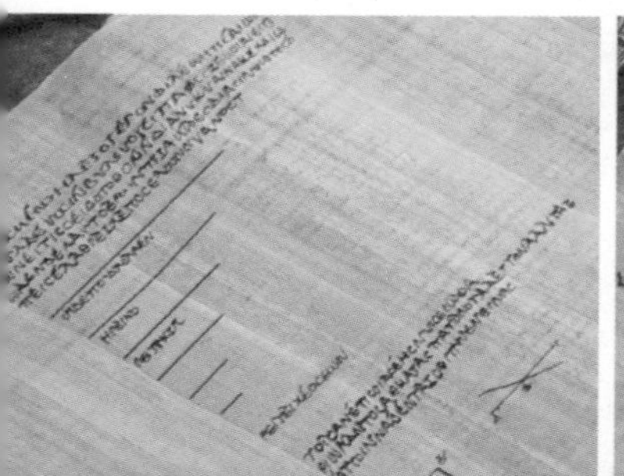

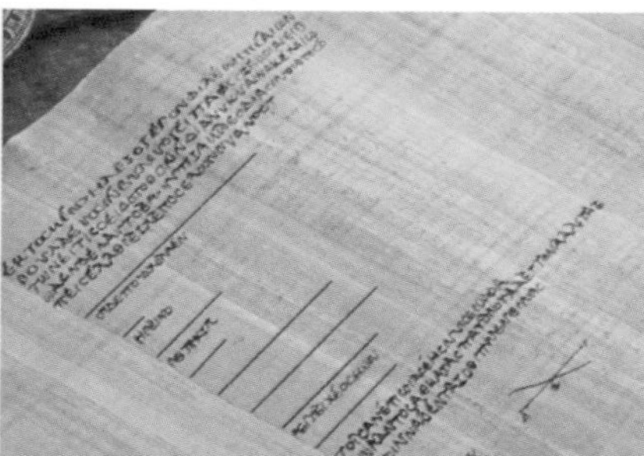

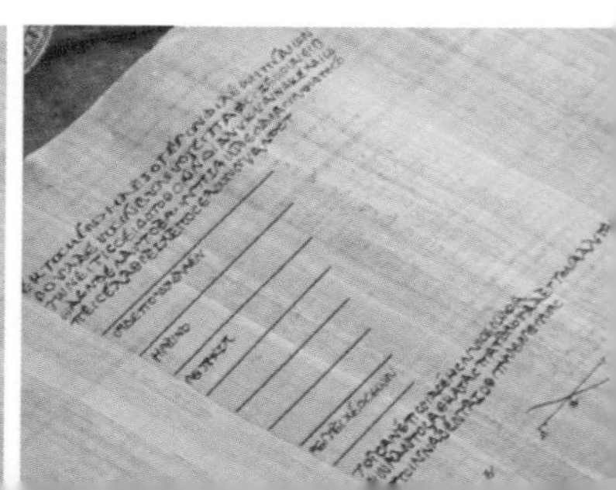

음과 음 사이 숨어 있는 유리수

현악기는 현의 길이에 따라 진동수가 달라지고, 그에 따라 음의 높이도 달라져요. 한 음을 기준으로 유리수 비에 따라 현의 길이를 다르게 하면, 처음 음과 어울리는 소리가 나요. 이런 식으로 음정이 조화를 이뤄 아름다운 선율을 만들어 내지요.

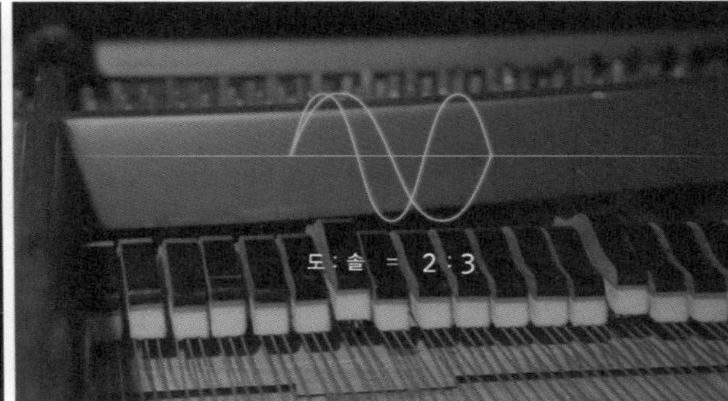

예를 들어 낮은 도를 1이라고 하면 도(1)의 $\frac{2}{3}$ 길이가 되는 지점은 솔이 되고, 도(1)의 $\frac{1}{2}$ 지점은 높은 도가 돼요. 이렇게 연주자는 내야 하는 소리에 맞게 현 위의 자리를 찾아 원하는 음을 내는 거예요.

진동수도 화음을 이루는 $\frac{2}{3}$ 비율이 그대로 적용돼요. 도는 264Hz, 솔은 396Hz, 높은 도는 528Hz예요. 이때 세 음의 진동수를 그래프로 나타내면, 도와 솔의 파장의 길이 비가 2:3이 된다는 것을 알 수 있어요. 특히 유리수의 비 중에서 상대적으로 그 비율이 간단한 유리수일 때 더 조화로운 소리로 들린답니다.

피타고라스가 음율 속에 담긴 수학적 체계를 정리하기 전까지, 사람들은 음악은 저절로 생겨나는 아름다움이라고 생각했어요. 아름다운 선율은 바로 유리수가 만들어 낸 놀라운 작품이랍니다.

008

/

0의 탄생

공백에서 시작된 0

세상에 0이 없다면,
양수와 음수를 정의할 수 없고,
무한의 개념도, 미분도, 적분도 설명할 수 없다.

만약 이 모든 것이 없다면,
스마트폰은 물론이고,
컴퓨터로 작동하는 모든 프로그램이 멈추게 된다.

많은 우여곡절 끝에 여러 수학자들의 노력으로 0과 무한은 모두 제자리를 찾았다.

덕분에 0과 1만으로 연산하는 컴퓨터부터
부피가 0이고 밀도가 무한대에 이르는 블랙홀까지
세상에 알려졌다.

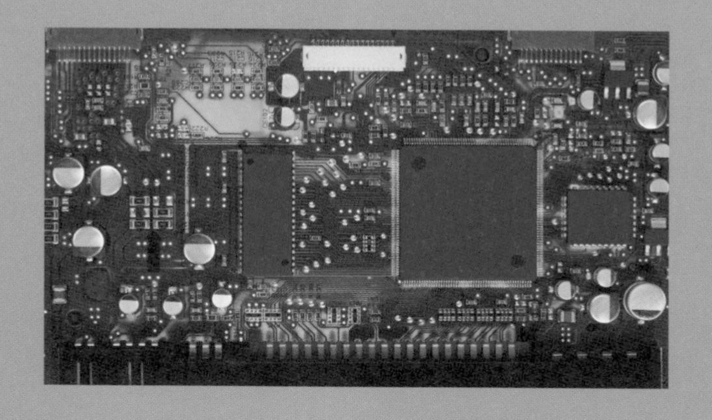

0은 필요 없는 수?

'수'의 개념이 처음 등장하던 시대에 사람들은 0의 필요성을 전혀 느끼지 못했어요. 당시 사람들은 주로 자신의 재산을 헤아릴 때 수 개념을 활용했거든요.

"나는 사과가 3개 있어."라는 말은 하지만, "나는 사과가 0개 있어."라고는 말하지 않아요. 만약 사과를 가지고 있지 않다면, "난 사과가 없어." 또는 "난 사과를 다 먹었어."라고 말하니까요. 이렇듯 개수를 표현할 때 0은 의미가 없어요.

시간이 흘러 사람들이 사칙연산을 하게 된 뒤에도 0은 환영받지 못했어요. 예를 들어 덧셈에서 1+1=2처럼 원래 어떤 수는 자기 자신을 더해 다른 수가 되어야 하는데, 0은 아무리 자기 자신을 더해도 그 값이 변하지 않아요. 또 0은 곱셈에서도 다른 특징이 나타났어요. 보통 어떤 수에 2를 곱하면 2배, 3을 곱하면 3배가 되는데, 0은 어떤 수와 곱해도 0이니까요. 특히 0은 나눗셈에서 나누기가 곱하기를 취소하는 역할로 쓰일 때 골치 아픈 문제를 만들었어요. 예를 들어 5×3÷3=5가 되지만, 5×0÷0은 등식이 성립이 안 돼요. 당시 사람들은 이와 같이 다른 수와 다른 성질이 있는 0을 수로 받아들이기가 쉽지 않았어요.

0을 인정할 수 없는 또 다른 이유

수학이 꽤 발전했던 고대 그리스 시대에는 0을 아무것도 없는 무(無)의 상태와 같다고 여겼고 사람들은 아예 0의 존재 자체를 인정하지 않았지요.

아리스토텔레스
B.C. 384~B.C. 322
고대 그리스 철학자

기원전 350년 경 그리스의 철학자 아리스토텔레스는 세상의 모든 것은 신이 창조한 산물이라고 주장하면서, 진공은 자연에 존재하지 않는다고 말했어요. 현재 우리는 공기가 없는 상태를 진공이라고 부르지만, 당시 사람들이 말했던 진공은 아무것도 없는 상태를 뜻해요. 0역시 '아무 것도 없는 수', '존재의 이유가 없는 수'라고 여겼어요.

물론 진공을 인정하는 세력도 있었어요. 하지만 진공과 0을 인정하면 신의 존재를 부정하는 꼴이 되어 신성모독죄가 성립됐어요. 이런 이유로 진공을 인정하지 않는 아리스토텔레스의 주장이 더 지배적이었어요.

서양에서는 이 사상이 중세 시대까지 이어져, 2000년 넘게 진공과 0을 인정하지 않았답니다.

0, 인도에서 빛을 발하다

고대 그리스에서 인정받지 못했던 0은 7세기경 인도에서 주목을 받게 돼요. 처음 0은 숫자로서 사용되기보다는 비어 있는 자릿수를 채우는 기호에 불과했어요. 당시에는 1부터 9까지 숫자만 있으면, 수를 세는 데 큰 무리가 없었어요. 그렇지만 1부터 9까지 숫자로는 아무것도 없는 상태를 나타내기 어려웠어요.

인도에서 0이 발전하게 된 계기에는 종교의 영향이 컸어요. 그리스 사람들은 종교적인 이유로 0을 거부했지만, 반대로 인도 사람들은 종교적인 이유

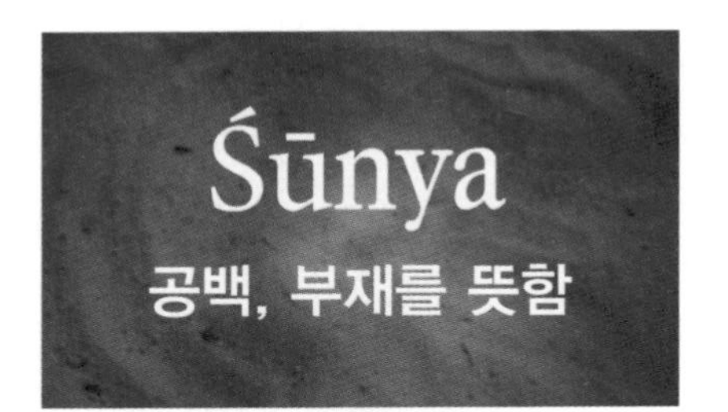

로 0을 쉽게 받아들였어요. 인도 사람들이 주로 믿었던 힌두교에서는 우주가 아무것도 없는 상태에서 태어났고, 그 크기가 무한하다고 여겼어요. 인도 사람들은 아무것도 없는 상태를 '슈나(Śūnya)'라고 불렀고, 아무것도 없는 상태와 무한을 성스럽게 생각하여 이에 대한 연구를 이어 갔어요.

0을 나타내는 여러 가지 방법

인도 사람들은 비어 있는 자릿수를 표시하기 위해 띄어쓰기를 이용했어요. 하지만 숫자와 숫자 사이의 간격을 구분하기 애매해서 어떤 수를 나타내는 건지 알아보기가 쉽지 않았어요.

반면 이집트 숫자에는 10과 100을 나타내는 기호가 따로 있어서, 인도처럼 숫자 사이에 공간을 벌려 자릿수를 나타낼 필요가 없었어요. 하지만 큰 수를 나타낼 때는 기호를 계속 나열해야 하는 불편함이 있었지요.

인도의 수학자이자 천문학자인 아리아바타는 숫자 사이에 띄어쓰기 대신, 비어 있는 자릿수를 표시하는 점을 찍기 시작했어요. 덕분에 22, 202, 2002를 명확하게 구분해서 쓸 수 있게 됐지요. 게다가 이집트 숫자보다 표기도 쉬워 사람들에게 환영받았어요. 그러다 결국 인도 사람들은 0의 탄생이라는 위대한 업적을 이뤘지요.

사실 0은 언제 누가 어떻게 정의하고 밝혀냈는지 정확히 알지 못해요. 다만

22
2·2
2··2

인도의 숫자 표기법

이집트의 숫자 표기법

역사적으로 628년 인도의 수학자이자 천문학자인 브라마굽타가 쓴 「브라마스푸타시단타」에 등장한 0을 최초의 기록이라고 보고 있어요. 브라마굽타는 아무것도 없는 상태를 뜻하는 0, 101과 같이 빈 자릿수를 채우는 0, 1+0=1과 같은 연산자로서의 0까지 0의 세 가지 기능을 모두 알고 있었어요. 이전에도 0을 기호로 사용한 흔적들이 있었지만 브라마굽타의 기록을 최초로 보는 이유는 그가 0의 세 가지 기능을 모두 알고 사용했기 때문이에요.

0, 아라비아 숫자를 완성하다

인도에서 탄생한 0은 8세기경 이슬람으로 전파됐어요. 이때 브라마굽타의 책 「브라마스푸타시단타」도 함께 전해졌어요. 이슬람은 인도뿐만 아니라 주변 다른 나라와도 교역을 활발히 했어요. 자연스럽게 그리스의 영향도 받았지요. 그래서 이슬람 사람들은 처음에 0을 인정하는 것이 쉽지 않았어요. 그러다 11세기경 이슬람의 철학자 알 가잘리가 새로운 주장을 펼쳤어요. 알 가잘리는 이슬람을 대표하는 신학자이자 철학자였는데, 그는 고대 그리스 시대를 대표하는 학자인 아리스토텔레스와 플라톤의 철학을 가장 잘 이해한 사람이기도 했어요. 특히 그는 아리스토텔레스의 철학을 비판하면서 자신이 그렇게 생각하는 이유를 알렸는데, 그중 하나가 바로 0에 관한 아리스토텔레스의 생각이었어요. 그의 주장에 따라 사람들은 서서히 0을 사용하기 시작했어요.

수 개념과 셈에 밝았던 이슬람 사람들은 계산할 때 0이 중요한 역할을 한다는 사실을 깨달았어요. 덕분에 오늘날 우리가 사용하는 0이 포함된 아라비아 숫자 체계가 탄생할 수 있었답니다.

상인으로부터 0이 전파되다

13세기 무렵 유럽에서는 기독교 때문에 또다시 종교적인 이유로 0을 인정하지 않았어요. 그런데 유럽 상인들이 이슬람 사람들과 교류가 잦아지면서 계산이 편리한 아라비아 숫자와 0을 사용할 수밖에 없었어요.

유럽 상인들은 아라비아 숫자와 이슬람 계산법을 알고 싶어 했어요. 9세기경 이슬람의 수학자 알 콰리즈미가 쓴 산술책 「알지브르 왈 무카빌라」가 유럽 상인들의 요구로 라틴어로 번역될 정도였어요.

또 이탈리아의 수학자 레오나르도 피보나치는 아라비아 등 각국을 여행하면서 발전된 수학을 「산반서」라는 책으로 소개했어요. 이 책에는 0의 존재가 뚜렷이 기록돼 있어요. 이렇게 유럽에도 아라비아 숫자와 0이 퍼져나가게 되었지요.

그 뒤로 0은 1884년 독일의 수학자 프레게에 의해 학문적으로 정의되면서 오늘날의 모습을 갖추었어요. 우여곡절 끝에 정의된 0은 무한, 미적분과 같은 개념과 함께 수학사뿐만 아니라 인류 역사에 없어서는 안 될 존재로 자리매김하게 되었답니다.

알 콰리즈미
780～850
이슬람 수학자, 천문학자

009

/

인정받지 못한 수, 음수

서서히 자리를 찾은 음수

과거에 수는 구체적인 '양'을 헤아릴 때 필요한 도구라고 생각했다.
그래서 당시 수학자들은 한동안
음수를 '가짜 수', '엉터리 수'라고 생각했다.

대수학의 아버지 디오판토스도
음수는 방정식의 해로 인정하지 않았다.

계산기를 만든 천재 수학자 파스칼도
'0보다 작은 수는 없다'고 주장했다.

심지어 서양 수학자들은
음의 기호와 뺄셈 기호조차 헷갈려 했다.

그러다 17세기 중반 데카르트가 음수 형태를 좌표에 넣어 사용했고 이로써 음수는 수로써 점차 자리를 잡았다.

▲「구장산술」의 제8장 방정장에는 음수에 대한 최초의 기록이 남아 있다.

음수의 최초 기록

음수는 당대 최고의 수학자들을 골치 아프게 만든 수였어요. 과거에 수는 구체적인 '양'을 세기 위해 존재한다고 생각했기 때문에 0보다 작은 수가 실제로 존재할 수 있는지를 고민했고, 고민에 빠진 수학자들은 음수를 '가짜 수'라고 생각했어요. 그럼 사람들은 음수를 언제부터 사용했을까요?

2000년 전 중국 한나라 때 수학책인 「구장산술」에 음수에 대한 최초의 기록이 남아 있어요. 이 책 전체 9장 중 제8장 방정장에는 '정부술(正負術: 正은 양수, 負는 음수, 術은 연산)', 즉 더하는 두 수의 부호가 서로 다를 때 덧셈이나 뺄셈을 하는 방법이 기록돼 있어요. 이것이 바로 역사에 남아 있는 음수에 대한 최초의 기록이에요.

그 내용을 구체적으로 보면, 가지고 있는 가축을 팔아서 번 돈을 양수인 '정(正)'으로, 가축을 사려고 내는 돈을 음수인 '부(負)'로 표현했어요.

중국 원나라 주세걸이 1299년에 쓴 「산학계몽」에는 양수와 음수의 곱셈 법칙이 최초로 등장해요. 음수는 동아시아의 수학인 산학에서 다루는 방정식의 계수나 문제 풀이에서 종종 등장하곤 했지만, 방정식의 해를 음수로 나타낸 경우는 없었어요.

실제 계산을 할 때는 산가지를 이용했어요. 산가지는 셈하는 데 쓰려고 대나무나 뼈 따위로 만든 막대기예요. 산가지로 양수와 음수를 같이 계산할 때는 양수는 빨간색으로 음수는 검은색으로 나타냈어요.

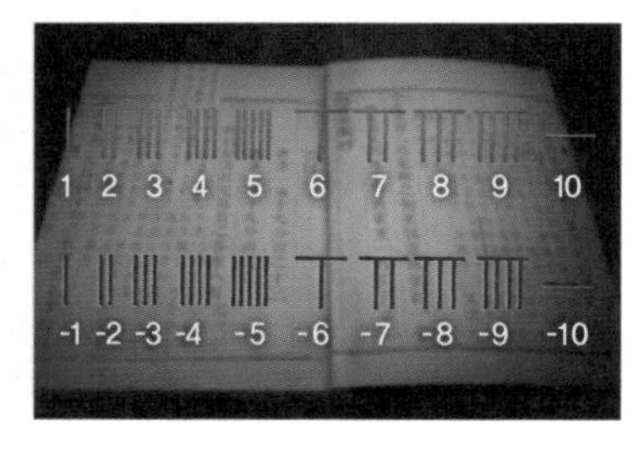

또 일의 자리를 나타내는 산가지 위에 다른 산가지 하나를 비스듬히 올려놓는 방법으로 음수를 나타내기도 했답니다.

음수를 인정하지 않은 수학자들

수학의 수준이 꽤 높았던 고대 그리스인들은 음수의 필요성을 느끼지 못했어요. 아예 존재 자체를 부정하는 경우가 많았지요. 예를 들어 $3x+15=0$과 같이 그 해가 음수($x=-5$)인 방정식은 처음부터 잘못된 식이라고 생각했어요.

브라마굽타
598~665
인도 수학자, 천문학자

그럼, 오늘날까지 사용하고 있는 수 표기법을 완성한 인도 사람들은 어땠을까요?

7세기경 인도의 승려 브라마굽타는 자신의 재산은 양수로, 빚은 음수로 표현했어요. 한마디로 손해가 나거나 모자라는 것은 음수로, 이익이 나거나 남는 것은 양수로 나타낸 거예요. 또한 브라마굽타는 자신의 책에 음수와 관련된 덧셈, 뺄셈, 곱셈, 나눗셈 법칙을 소개했어요.

음수에 대한 이러한 연구 결과는 아랍을 거쳐 유럽까지 퍼져 나갔어요. 하지만 서양 사람들에게 음수의 존재를 설득하기란 꽤 어려운 일이었어요. 실용 수학과 증명 수학이 발달한 유럽에서는 16~17세기까지도 음수는 의미도 없고, 실용성도 없다는 이유로 수로 인정하지 않았어요.

유명한 수학자 파스칼은 0은 아무리 빼도 줄어들지 않으므로 '0보다 작은 수는 이 세상에 존재할 수 없다'고 말했어요.
프랑스 계몽 시대 유명한 수학자 달랑베르도 자신이 쓴 「백과전서」에서 '음수는 처음부터 가정이 잘못되어 나온 수'라고 정의를 내렸어요. 1714년 독일의 과학자 파렌하이트는 화씨 온도계를 개발하면서 가장 낮은 온도를 0으로 표시했어요.
심지어 수학자들은 음수 앞에 붙는 음의 부호와 뺄셈 기호조차 헷갈려 했어요. 당시 사람들은 음수를 보이지 않고 증명하기 힘든 수라고 생각했어요.

'0'보다 작은 수는 없다

블레즈 파스칼
1623~1662
프랑스 수학자, 물리학자

음수는 가정이
잘못되어 나온 수

장 르 롱 달랑베르
1717~1783
프랑스 수학자

음수, 0보다 작은 수로 인정

17세기 중반 오랜 논란 끝에 데카르트는 좌표 위에 음수를 나타냈어요. 이렇게 음수는 점점 자신의 자리를 찾아갔어요. 0을 기준으로 0보다 큰 수는 양의 부호를, 0보다 작은 수는 음의 부호를 붙여 각각 양의 정수, 음의 정수라고 불렀어요.
그 뒤 19세기에 와서야 서양의 여러 수학자들은 음수를 새로운 수로 인정하기 시작했어요. 서양 수학사에서 음수는 무리수보다 늦게 발견된 셈이에요.

르네 데카르트
1596~1650
프랑스 수학자, 철학자

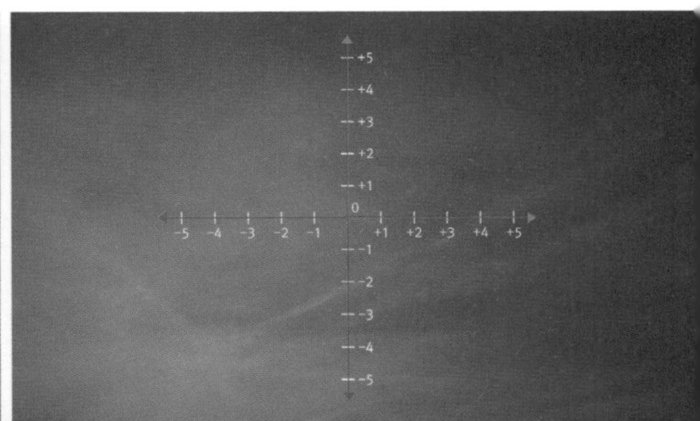

010

/

점 하나가 바꾼 세상

필요에 의해 만든 수, 소수

1619년 스코틀랜드 수학자 **네이피어**는
「놀라운 로그 체계의 작성」이라는 책에서
자연수 자리와 소수 자리를 구분할 때 마침표(.)나 쉼표(,)를
사용하자는 의견을 냈다.

그 뒤 영국에서는 마침표(.)를 공식적으로 소수점으로 사용하기 시작했다.

오늘날 우리나라를 비롯한 거의 모든 나라에서 마침표(.)를
소수점으로 사용하고 있다. 물론 독일이나 프랑스처럼
여전히 쉼표(,)를 소수점으로 사용하는 나라도 있다.

소수가 태어난 이유

오직 자연수만 사용하던 시절이 있었어요. 예전엔 자연수만 있어도 양을 표현하는 데 전혀 불편함이 없었거든요.

우리나라 옛말에 '되로 주고 말로 받는다'는 말이 있어요. 이 말은 '한 대 때렸는데 되돌아온 것은 열 대'와 비슷한 상황을 빗대어 쓰는 속담이에요. 여기서 '되'와 '말'은 모두 부피 단위인데, '되'는 오늘날의 단위로 약 1.8L정도이고, '말'은 되의 10배인 18L예요.

▲ 말은 되의 10배이다.

당시 사람들은 필요에 따라 단위를 새로 만들어 사용하는 데 익숙했어요. 그런데 필요할 때마다 단위를 만들어 사용하는 것은 정말 복잡한 일이었어요. 새로운 단위를 만들어 사용하려면 그 단위가 얼마만큼의 양을 뜻하는지 함께 결정하고 모두가 알 수 있도록 알려야 했지요. 하지만 당시 기술로 매번 단위를 만들어 사람들에게 알리는 일은 쉽지 않았고, 사람들은 슬슬 불편함을 느끼기 시작했어요.

사람들은 되도록 단위를 적게 사용하면서, 아주 작은 수부터 아주 큰 수까지 모두 나타낼 수 있는 수를 필요로 했어요. 그래서 탄생한 수가 바로 소수예요. 자연수나 분수는 생활 속에서 자연스럽게 생겨나고 발달했지만, 소수는 사람들의 필요에 의해 만들어진 수예요.

소수도 10진법을 따른다

17세기 네덜란드의 수학자이자 물리학자, 기술자였던 시몬 스테빈은 군대에서 포탄의 발사 거리를 계산하는 일을 한 적이 있었어요. 그런데 이 계산을 할 때 분수를 사용하는 게 무척 번거로웠어요. 그래서 분수를 자연수

처럼 계산할 방법을 고민했지요.

그러다 스테빈은 시간을 말할 때, '1과 $\frac{1}{6}$' 대신 '1시간 10분'으로 읽는다는 것을 떠올렸어요. 그래서 되도록 분모가 10, 100, 1000처럼 10의 배수가 되게 하고, 자연수 옆에 길게 이어 쓰는 방법을 생각해냈지요.

예를 들어 '15와 $\frac{3}{4}$'은 '15와 $\frac{75}{100}$'로 만든 다음, 15⓪7①5(15.75) 와 같이 나타냈어요.

스테빈은 「10분의 1에 관하여」라는 책에서 10진 소수의 표기법을 정리해서 설명했어요. 먼저 수를 쓰고, 그 위에 ⓪①②③과 같이 동그라미 숫자를 함께 적어 소수점 자리를 나타내는 거예요. 예를 들어 3.268은 $\overset{⓪①②③}{3268}$과 같이 일의 자리 수 위에 ⓪을 나타내고, 소수점 아래 첫째 자리엔 ①, 소수점 아래 둘째 자리엔 ②, 소수점 아래 셋째 자리엔 ③을 쓰는 거예요.

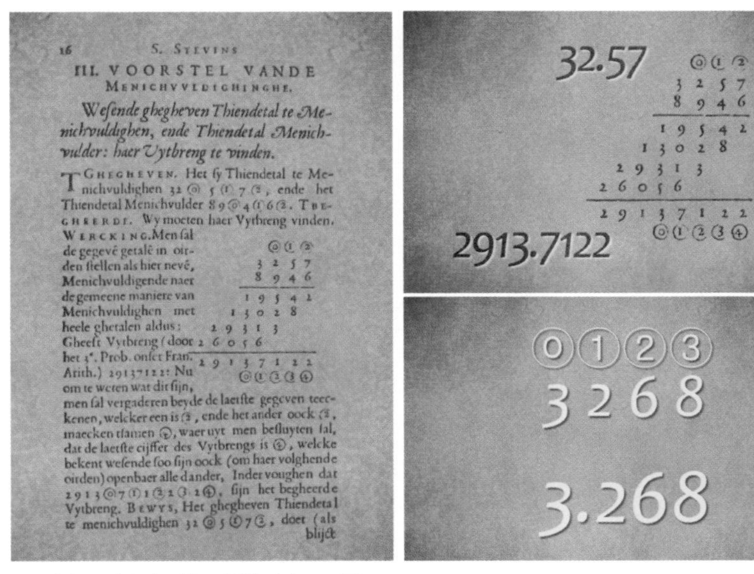
16 S. STEVINS
III. VOORSTEL VANDE MENICHVVLDIGHINGHE.
Wesende ghegheven Thiendetal te Menichvuldighen, ende Thiendetal Menichvulder: haer Vytbreng te vinden.
TGHEGHEVEN. Het sy Thiendetal te Menichvuldighen 32⓪5①7②, ende het Thiendetal Menichvulder 89⓪4①6②. TBEGHEERDE. Wy moeten haer Vytbreng vinden. WERCKING. Men sal de gegevē getalē in oirden stellen als hier nevē, Menichvuldigende naer de gemeene maniere van Menichvuldighen met heele ghetalen aldus: Gheeft Vytbreng (door het 3ᵉ. Prob. onser Fran. Arith.) 29137122: Nu om te weten wat dit sijn, men sal vergaderen beyde de laetste gegeven teeckenen, welcker een is ②, ende het ander oock ②, maecken tsamen ④, waer uyt men besluyten sal, dat de laetste cijffer des Vytbrengs is ④, welcke bekent wesende soo sijn oock (om haer volghende oirden) openbaer alle dander, Indervoughen dat 2913⓪7①1②2③2④, sijn het begheerde Vytbreng. BEWYS, Het ghegheven Thiendetal te menichvuldighen 32⓪5①7②, doet (als blijckt

▲ 시몬 스테빈이 처음 고안한 소수 표기법

10진 소수 체계란 간단히 말해 소수점의 위치에 따라 10배, 100배, 1000배 또는 $\frac{1}{10}$배, $\frac{1}{100}$배, $\frac{1}{1000}$배 등의 값을 나타낼 수 있게 10진법 원리를 소수에 적용한 것을 말해요. 예를 들어 12345 뒤에 0을 하나 붙이면, 이 수는 123450이 되고 이는 12345의 10배가 돼요. 12345 앞에 0과 소수점을 붙이면 0.12345가 되고, 이는 12345의 0.00001배, 12345의 $\frac{1}{100000}$배가 돼요.

소수도 자연수처럼 10진법을 따르면, 각 자릿값은 왼쪽으로 갈수록 10배씩 커지고 오른쪽으로 갈수록 10배씩 줄어들어요. 분수에는 이런 자릿값 원리가 없어서 크기를 비교할 때 직접 통분해서 분모를 같게 만들어야 하므로 계산이 복잡해지곤 해요. 이런 분수 표현의 단점을 극복하려고 만든 수가 바로 '소수'랍니다.

011

베토벤의 〈월광 소나타〉와 수학

반복과 변화가 만든 아름다움

〈피아노 소나타 14번〉은 마치 스위스 루체른 **호수의 달빛** 아래
흔들리는 조각배의 모습과 같다고 해서
사람들은 **'월광'**이라고 불렀다.

서서히 **청력을 잃어 가기** 시작해
〈월광 소나타〉를 작곡할 때쯤
소리를 잘 들을 수 없었던 **베토벤!**

그럼에도 불구하고 어떻게 이토록 조화롭고
아름다운 곡을 작곡할 수 있었던 것일까?

그 비밀은 셋잇단음표를 이루는 세 음의 주파수에 있다.

〈월광 소나타〉에 쓰인 **셋잇단음표**의 주파수를 그래프로 나타내면
일정한 교차점이 주기적으로 나타난다.
베토벤은 셋잇단음표로 **'반복'**과 **'변화'**를 적절히 사용해
아름다운 〈월광 소나타〉를 탄생시킨 것이다.

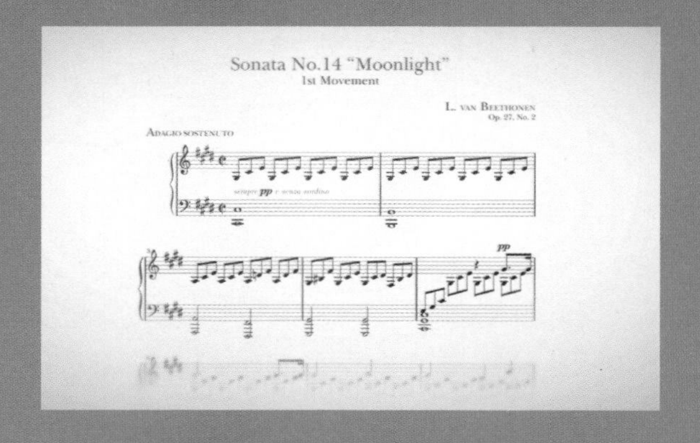

음계와 주파수

베토벤의 작품 〈피아노 소나타 14번〉은 일명 '월광'이라고 불리는 피아노 곡이에요. 그런데 월광이라는 이름은 베토벤이 붙인 게 아니에요. 이 곡이 마치 스위스 루체른 호수의 달빛 아래 흔들리는 조각배 같다고 해서 사람들이 붙인 이름이지요. 베토벤이 처음 이 곡에 붙인 정식 이름은 〈환상곡풍 소나타〉입니다.

피아노 음계의 한 옥타브는 검은 건반 5개와 흰 건반 8개, 모두 13개의 건반으로 돼 있어요. 한 옥타브를 반음씩 나눈 평균율 음계를 쓰지요. 따라서 건반들은 음과 음 사이가 모두 반음, $\frac{1}{2}$음씩 차이가 나요.

아래 그림을 보면, 도와 레는 반음+반음이라서 온음 관계, 미와 파는 반음 관계예요.

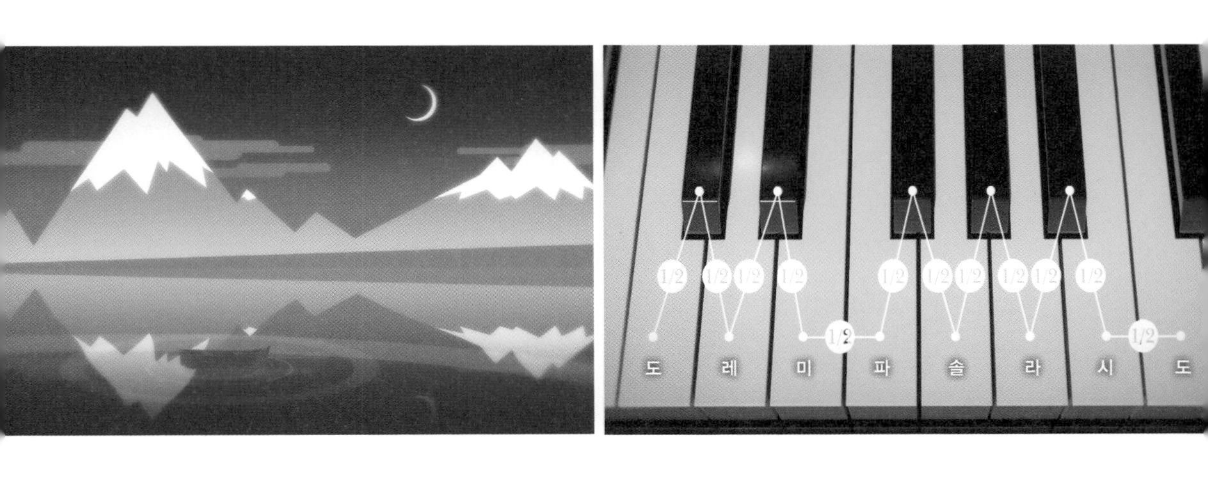

악기나 물체가 소리를 내면 주변의 공기가 같이 진동하고, 이 진동이 사람의 귀로 전해져 소리를 듣게 돼요. 이때 일정 시간 동안 공기가 진동하는 것을 주파수라고 해요. 주파수의 단위는 Hz(헤르츠)를 써요. 1Hz는 1초에 1번 진동하고, 2Hz는 1초에 2번 진동한다는 뜻이에요.

피아노를 조율할 때 기준이 되는 음인 '라'의 주파수는 440Hz예요. 다시 말해 라 소리는 1초에 440번 진동한다는 뜻이지요. 그러면 주파수가 440Hz인 음 2개를 동시에 들으면 어떻게 들릴까요? 아마 음이 2개라는 사실을 알아차릴 수 없을 거예요. 두 소리의 주파수가 같기 때문에 같은 소리로 들리거든요.

그럼 주파수가 440Hz인 음과 880Hz인 음을 동시에 듣는다면 어떤 소리로 들릴까요? 아마 같은 소리로 들리지는 않지만 비슷하게 들릴 거예요. 직접 소리로 듣지 않아도 주파수를 나타내는 그래프만으로 한눈에 확인할 수 있어요.

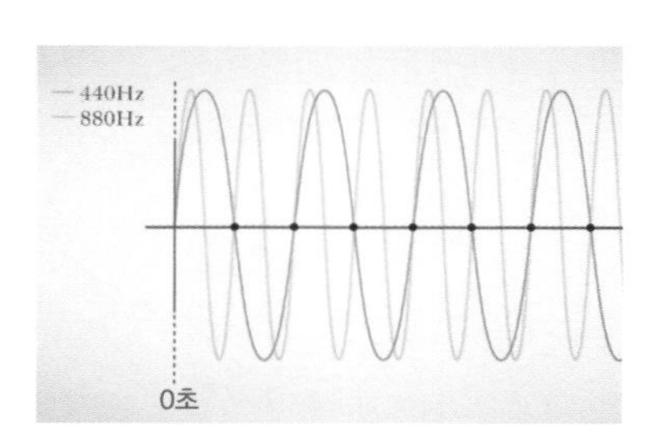

두 주파수 그래프가 원점인 (0, 0)을 떠나 주기적으로 y좌표가 0인 지점에서 만나거든요. 두 주파수는 일정한 간격으로 만나면서 조화를 이루는 거예요.

〈월광 소나타〉의 특별한 비밀

베토벤은 〈월광 소나타〉에 자유로운 즉흥곡풍의 시적인 정취를 담고 싶었다고 해요. 특히 '딴따단 딴따단' 하면서 계속 이어지는 셋잇단음표로 베토벤은 원하던 느리고 꾸준한 음악을 만들어냈어요. 그런데 이 셋잇단음표에는 특별한 비밀이 있어요.

▼ 〈월광 소나타〉 50번 소절의 셋잇단음표를 이루는 세 음은 0.042초마다 반복해서 만난다.

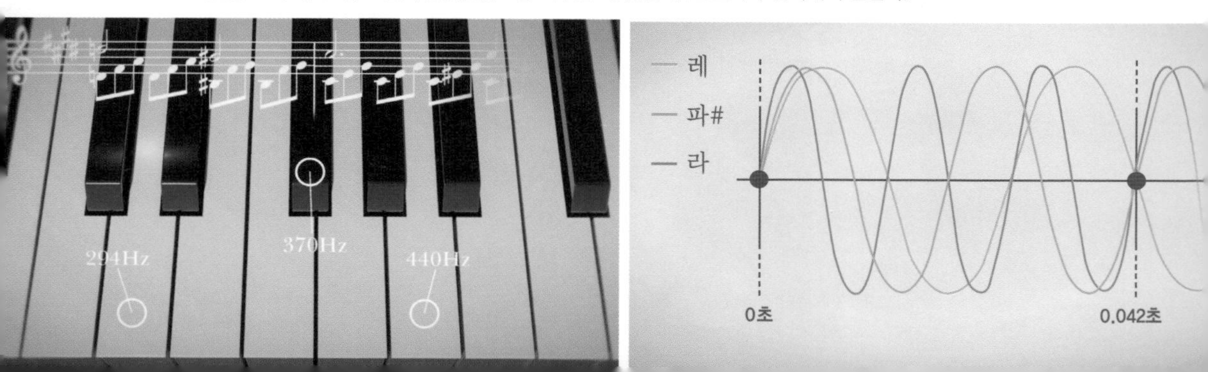

〈월광 소나타〉 50번 소절의 셋잇단음표를 이루는 세 음의 주파수는 각각 294Hz, 370Hz, 440Hz예요. 이것을 아래 그림처럼 그래프로 나타내 보면 일정한 규칙을 찾을 수 있어요. 세 그래프는 시작 지점인 0초와 0.042초에서 만나고 이는 계속 반복돼요. 즉 서로 다른 음과 다른 주파수가 0.042초마다 만나는 거예요.

사람들은 이렇게 반복되는 세 음을 들으면서 조화로운 화음을 느끼게 돼요.

베토벤은 1801년 〈월광 소나타〉를 작곡할 당시, 청력을 잃어 가고 있었어요. 어려움 속에서도 마음으로 소리를 듣고 조화로움을 상상하며 셋잇단음표를 통해 본인이 원하는 음악을 작곡했어요.

루드비히 반 베토벤
1770~1827, 독일 작곡가

〈월광 소나타〉 54번 소절을 보면, 셋잇단음표가 계속 화음을 이루며 아름다운 소리를 들려줘요. 그런데 어느 한 부분에서 음 하나로 곡의 분위기가 확 달라져요.

이 음의 해당 주파수를 찾아 그래프를 그려 보면, 앞에서 살펴본 셋잇단음표와 다르게 어떤 교차점에서도 만나지 않아요. 그래서 다른 느낌을 줄 수 있지요. 만약 이 음을 주기적으로 만나는 주파수의 음으로 고친다면, 다시 조화롭게 화음을 이루는 소리가 들릴 거예요.

▼ 〈월광 소나타〉 54번 소절의 어느 한 부분에서 음 하나로 곡 분위기가 달라진다.

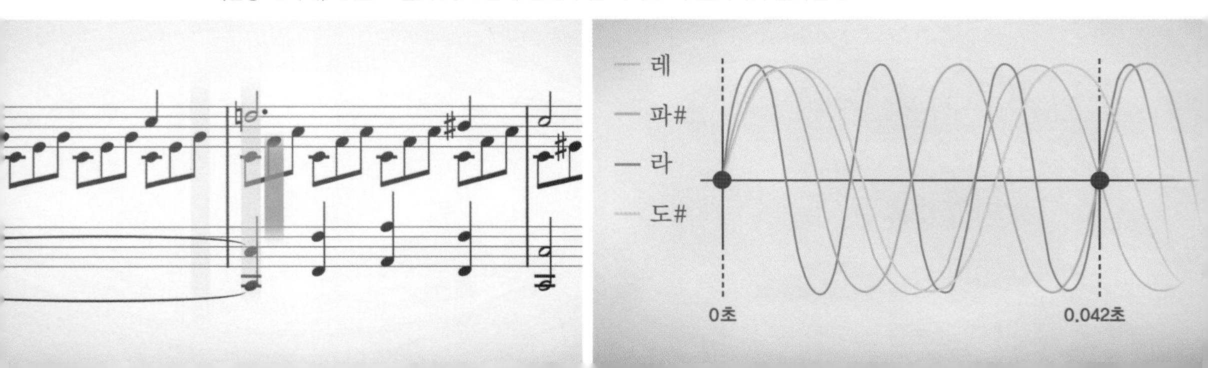

베토벤은 곡의 분위기를 다르게 하려고 일부러 불협화음을 만들었어요. 그래서 사람들은 반복되는 음을 들을 때는 잔잔한 호숫가에 비친 달빛을 떠올리다가 불협화음 부분에서는 세차게 부딪치는 물결을 연상하게 되지요.

후대에 프랑스 작곡가 베를리오즈는 〈월광 소나타〉를 '인간의 언어로는 도저히 묘사할 수없는 한편의 시'라고 표현했어요. 이렇듯 베토벤의 〈월광 소나타〉는 수많은 예술가들에게 영감을 준 대작이에요. 어쩌면 베토벤이 수학이라는 비밀을 숨겨 놓았기 때문에 더 아름답게 들리는 건 아닐까요?

012

/

수학 나라의 앨리스

수학으로 다시 보는 「이상한 나라의 앨리스」

시계를 손에 든 흰 토끼를 쫓아가다
규칙과 상식이 뒤바뀐 **'이상한 나라'**에 도착한 앨리스.
그 뒤로 앨리스에겐 이상한 일들이 생긴다.
앨리스는 작은 병에 들어 있는 액체를 마신 뒤
점점 몸이 작아져 두려움에 휩싸이게 되는데….

이 이야기는 영국 옥스퍼드대학교에서 수학 교수를 지낸
수학자이자 논리학자인 **루이스 캐럴**이 쓴 유명한 소설
「**이상한 나라의 앨리스**」의 일부다.

그는 특이하게 소설 곳곳에
슬쩍슬쩍 수학 개념을 숨겨 놓았다.

속편 「**거울 나라의 앨리스**」에는
일반 상식으로는 해결할 수 없는 위기를
수학 원리로 극복하며 고군분투하는
앨리스의 이야기를 담았다.

곳곳에 숨겨진 수학도 재밌지만
이야기 구성도 탄탄해
'앨리스 시리즈'는 오늘날까지 많은 이들의
사랑을 한 몸에 받고 있다.

양초처럼 점점 작아지는 앨리스

시계를 보며 허둥지둥 뛰어가는 토끼를 쫓다보니 앨리스는 어느새 이상한 나라에 와 있었어요. 이상한 나라는 정말 이상한 곳이었어요. 그동안 지켜왔던 규칙과 알고 있던 상식이 통하지 않는 나라였지요. 앨리스는 무엇에 홀린 듯 토끼를 따라 토끼 굴로 들어갔어요. 목이 말랐던 앨리스는 거기 있던 작은 병에 담긴 액체를 벌컥벌컥 마셨어요. 그러자 몸이 자꾸만 작아졌어요. 앨리스는 이러다 양초처럼 완전히 사라질까 봐 정말 두려웠어요.

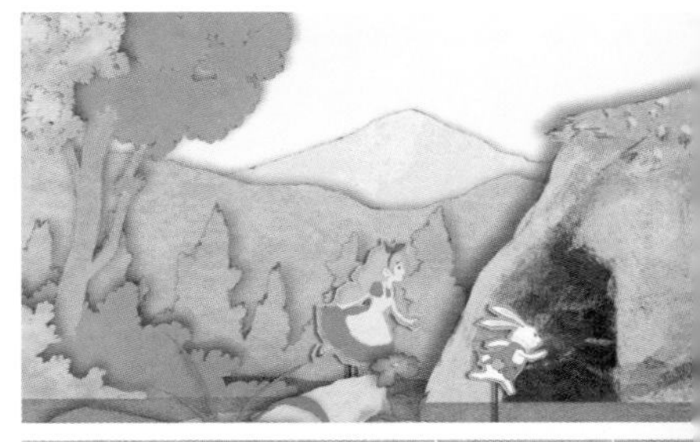

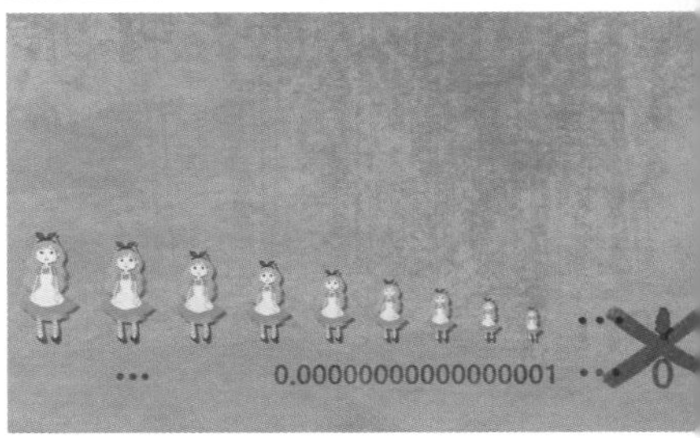

하지만 앨리스가 아무리 작아져도 완전히 사라지진 않으니 걱정할 필요가 없어요. 예를 들어 0.1은 0에 아주 가까운 수이고, 0.01은 0에 0.1보다 더 가까운 수예요. 만약 소수점 뒤에 0을 계속 붙이면 0과 더욱더 가까운 수를 만들 수 있어요. 하지만 아무리 0을 붙여도 0과 같아지진 않는 것처럼 앨리스가 아무리 작아져도 사라지지 않아요.

앨리스가 양초처럼 사라질까 걱정하는 부분은 작가 루이스 캐럴이 이런 수 개념에서 영감을 얻어서 「이상한 나라의 앨리스」에 쓴 장면이에요.

카드 병정들은 모두 특별한 수

이상한 나라에서 여행을 하던 앨리스는 정원에서 하얀 장미를 빨갛게 칠하는 카드 병정들을 만났어요. 원래는 빨간 장미를 심어야 하는데 실수로 하얀 장미를 심었다고 했어요. 카드 병정들은 이 사실을 여왕에게 들키지

않으려고 하얀 장미를 모두 빨갛게 칠하고 있는 것이었죠.
여기서 잠깐! 장미를 칠하고 있던 카드 병정들은 모두 특별한 수였어요.
2, 5, 7. 바로 약수가 1과 자기 자신뿐인 소수였답니다.

어린 시절부터 수학적 재능이 남달랐던 루이스 캐럴은 책을 쓸 때 사소한 장면에도 수학을 녹여 자신의 철학을 드러냈어요. 「이상한 나라의 앨리스」에는 이런 수학적인 내용이 곳곳에 등장해요.

모든 것이 거꾸로인 나라

「이상한 나라의 앨리스」의 속편인 「거울 나라의 앨리스」에서는 더욱더 정교한 수학 원리들이 담겨 있어요.
「거울 나라의 앨리스」는 앨리스가 아기 고양이들과 방에서 놀다가 거울을 통과해 거울 나라로 들어가면서 이야기가 시작돼요. 거울 나라는 모든 게

거꾸로인 나라예요. 예를 들어 책의 글씨가 모두 거꾸로 적혀 있어서 거울에 비춰야만 책을 제대로 읽을 수 있어요.

어느 날 앨리스는 거울 앞에서 붉은 여왕과 마주했어요. 붉은 여왕이 있는 쪽으로 걸어가 여왕을 만나려고 했지만, 앨리스가 여왕 쪽으로 다가가자 갑자기 여왕은 사라지고 엉뚱하게 현관 앞에 서 있게 됐어요. 약이 오른 앨리스는 곰곰이 생각하다 반대 방향으로 걸어가 보기로 했어요. 그러자 드디어 여왕을 만날 수 있게 됐어요. 그리고는 거울 나라에서는 알고 있던 상식과 반대로 행동했을 때 문제가 풀린다는 사실을 알게 됐지요.
붉은 여왕을 만난 앨리스는 그동안 궁금했던 것들을 물었어요. 숨이 차도록 달려도 계속 제자리인 이유에 대해서도 물었지요. 그러자 여왕은 거울 나라에서 적용되는 거리와 속력, 시간 사이의 관계를 설명해 줬어요.

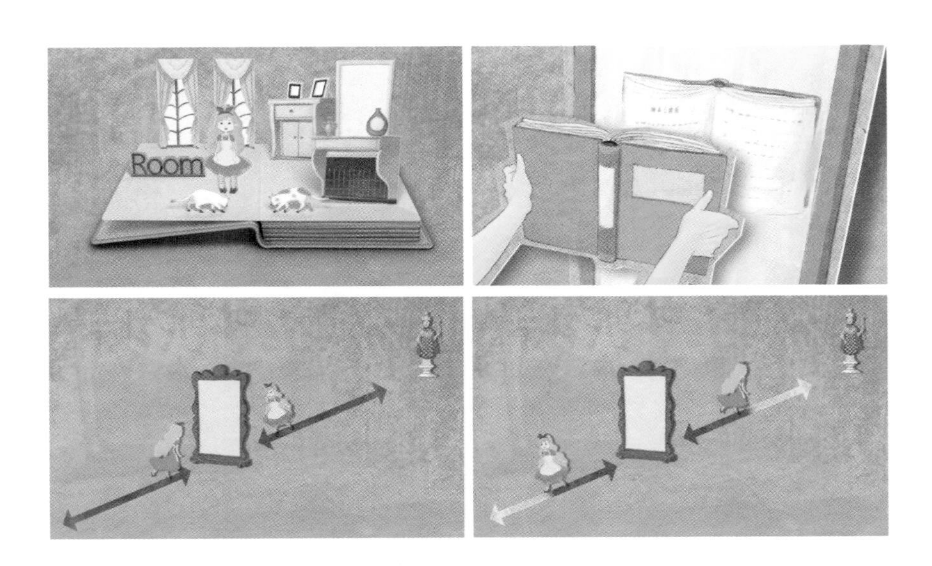

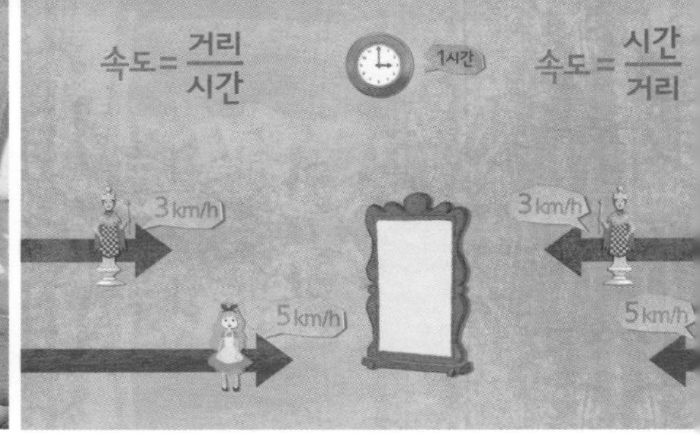

실제 세상에서라면 속도는 일정한 시간 동안 움직인 거리를 이용해 나타낼 수 있어요. 다시 말해 속도와 거리는 정비례 관계여서 일정한 시간 동안 속도가 빨라지만 이동한 거리도 그만큼 늘어나지요.
거울 나라에서는 반대였어요. 속도와 거리는 반비례 관계여서 일정한 시간 동안 속도가 빨라지면 이동한 거리는 줄어들었지요.
심지어 거울 나라는 시간도 거꾸로 흘렀어요. 그래서 「거울 나라의 앨리스」를 타임머신 문학의 시작이라고 말해요.

이처럼 루이스 캐럴은 문학 속에 수학을 자연스럽게 녹여 특별한 소설을 완성했어요. 그의 수학적 상상력과 환상은 지금도 수많은 작품에 영향을 주고 있지요.

013

/

무리수의 탄생

히파소스의 위험한 발견

"저 배신자를 죽여라!"
"나는 배신자가 아니다! 그저 놀라운 사실을 세상에 알렸을 뿐이다!"

2500년 전 그리스
'모든 수는 **정수** 또는 **정수의 비**로 표현할 수 있다.'
이는 **피타고라스 학파**에게 신앙과도 같은 확고한 신념이었다.

그러던 어느 날 피타고라스 학파였던 히파소스가
직각이등변삼각형의 빗변의 길이를 연구하던 중에
지금까지 정의되지 않았던 **새로운 수**를 찾아냈다.

피타고라스 학파 사람들은 이 사실이 세상에 알려질까 두려웠고,
자신의 **놀라운 발견**을 세상에 알린 히파소스는
결국 배신자 취급을 당하며 동료 손에 목숨을 잃었다.

히파소스가 목숨을 걸고 세상에 알린 수는
분수로 나타낼 수 없는 수, 바로 **무리수**였다.

히파소스의 위험한 발견, 무리수

피타고라스
B.C. 580~B.C. 500
고대 그리스 철학자, 수학자

기원전 6세기경 그리스에는 저명한 수학자 피타고라스를 중심으로 수학, 자연철학, 과학 등을 연구하던 모임이 있었어요. '피타고라스 학파'라고 불린 이들에게 배움은 일종의 신앙 같아서 함부로 그 내용에 대해 반대 의견을 낼 수 없다고 생각했어요. 또한 배운 내용을 절대 외부에 누설해서는 안 된다는 규칙이 있었어요. 특히 그들은 '모든 만물은 수로 이뤄져 있다', '모든 수는 정수 또는 정수의 비(분수)로 표현할 수 있다'고 믿었어요. 심지어 음악까지도 정수의 비로 표현할 수 있다고 생각하고, 이를 증명했지요.

그러던 어느 날 피타고라스 학파였던 히파소스가 도형을 이루는 각 선분의 비를 연구하고 있을 때였어요. 히파소스는 바닥에 한 변의 길이가 1인 정사각형을 그렸어요. 그런 다음 정사각형 안에 대각선을 그어, 직각이등변삼각형 2개를 만들었어요. 그런데 이 정사각형 한 변의 길이와 대각선 길이의 비를 생각했을 때 문제가 생겼어요. 학파에서 배운 대로라면 도형을 이루는 각 선분의 비 역시 반드시 정수나 정수의 비로 표현할 수 있어야 하는데, 이는 도저히 정수나 정수의 비로 나타낼 수 없었어요.

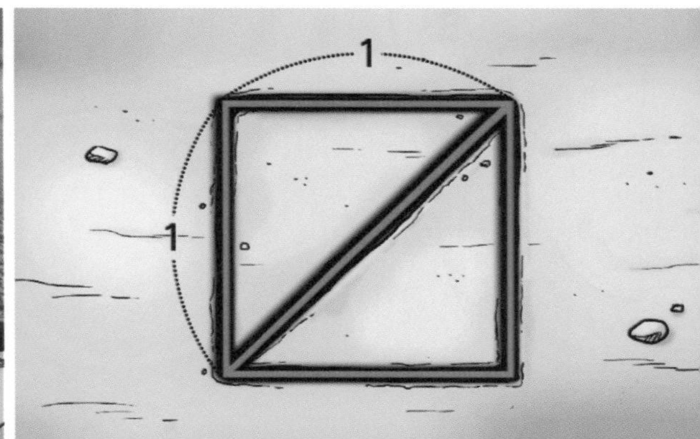

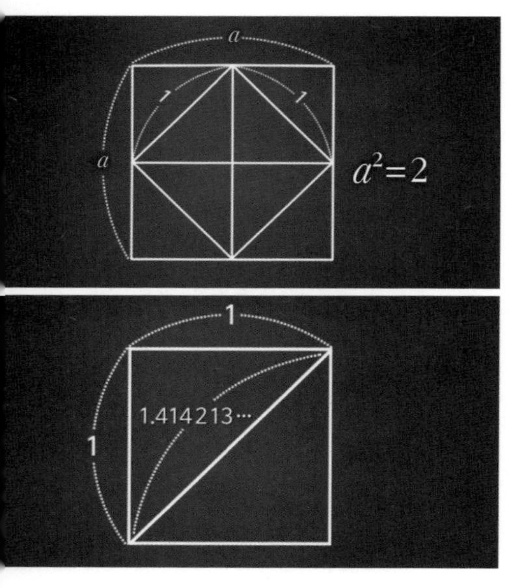

한 변의 길이가 1인 정사각형의 넓이는 1^2이므로 1이 돼요. 이 넓이를 두 배로 만들면 큰 정사각형의 넓이는 2가 되지요. 이때 큰 정사각형의 한 변의 길이를 a라고 하면 큰 정사각형의 넓이는 a^2이에요. 이때 $a^2=2$인 조건을 만족하는 유리수 a는 찾을 수 없어요.
그렇다면 a는 어떤 수 일까요? a는 한 변의 길이가 1인 정사각형의 대각선 길이와 같은데 이 길이를 자로 직접 재 보면, 1.414213…로 그 수가 무한히 계속돼요.

히파소스는 여기에서 순환하지 않는 소수를 처음 발견했어요. 처음으로 정수 또는 분수로 나타낼 수 없는 수를 찾은 거예요.

히파소스는 곧바로 이 소식을 학파 사람들에게 알렸어요. 그러자 학파 사람들은 펄쩍 뛰며 히파소스를 비난했어요. 학파에서 배운 내용과 다른 의견을 절대 인정하지 않았거든요. 이는 큰 죄를 짓는 거라 여겼어요.
하지만 히파소스는 끝까지 자신은 죄가 없고, 분수로 나타낼 수 없는 수가 이 세상에 존재한다는 사실을 증명했을 뿐이라고 주장했어요. 하지만 학파 사람들은 히파소스의 주장을 외면했고, 결국 히파소스는 학파의 규율을 어긴 죄로 동료들 손에 죽고 말았답니다. 훗날 히파소스가 발견한 이 수는 '무리수'라는 이름을 갖게 돼요.

루트 기호의 탄생

7세기 인도에서 처음으로 무리수를 인정했어요. 당시 그들은 $\sqrt{\ }$ 대신 ka15($\sqrt{15}$), ka10($\sqrt{10}$)과 같은 방법으로 무리수를 나타냈어요.
얼마 뒤, 그리스에서 뿌리를 뜻하는 'radix'라는 단어의 첫 글자 'r'을 본 떠 √가 탄생했지요. 오늘날 우리가 쓰는 $\sqrt{\ }$ 와 그 모양이 닮았지요?

그러다 1500년 경 프랑스의 수학자 데카르트는 √ 를 어떻게 바꿔야 할지 고민에 빠졌어요. 왜냐하면 기존에 사용하던 √ 는 정확히 어디까지 루트가 적용되는 수인지 한눈에 알기가 어려웠거든요. 예를 들어 루트 √$2x$+4가 $\sqrt{2}$ 인지, $\sqrt{2x}$ 인지, $\sqrt{2x+4}$ 인지 구별하기가 쉽지 않았어요.
데카르트는 고민 끝에 제곱근으로 표현하고 싶은 곳까지 가로 막대를 붙이기로 했어요. 그랬더니 루트가 적용되는 범위가 명확해졌지요. 지금까지도 이 기호를 전 세계 공통으로 사용하고 있답니다.

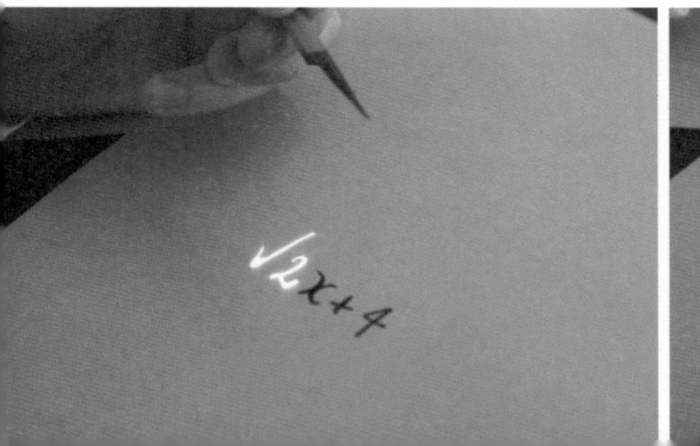

014

/

황금비와 금강비

동서양을 대표하는 아름다운 비

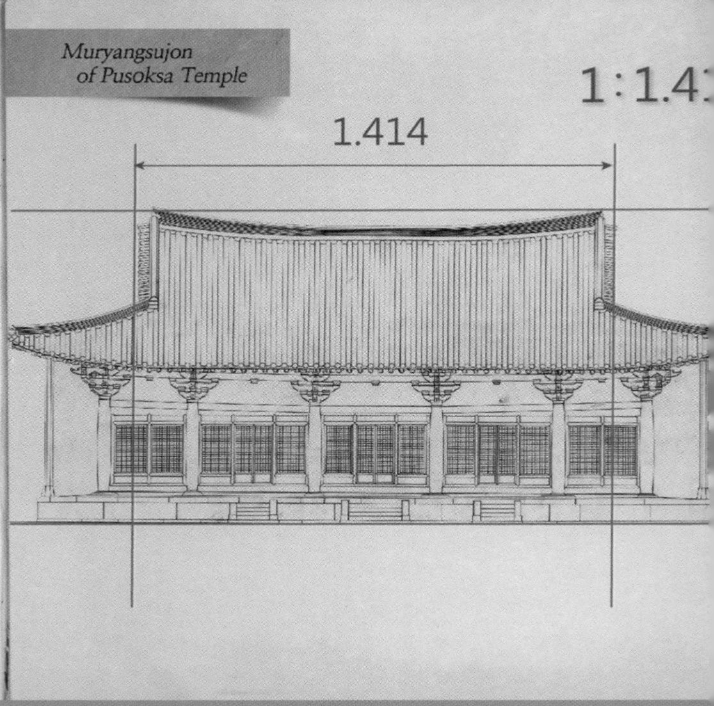

밀로의 비너스상이 가장 아름다운 여인으로 불리는 이유는
몸의 비율이 황금비를 따르기 때문이다.

서양에서 가장 균형적이라고 생각하는 비는 1:1.618**인 황금비**
그리스 아테네의 파르테논 신전,
해바라기 꽃씨, 텔레비전 화면에서도
황금비를 찾을 수 있다.

한편 **동양의 이상적인 비는** 1:1.414**인 금강비**
금강사 본당터, 무량수전, 석굴암 등
우리나라 건축물에서도 종종 발견된다.

동서양의 아름다운 비율이 다른 이유는 무엇일까?

모두가 아름답다고 느끼는 비, 황금비

오른쪽에 서로 다른 10개의 사각형이 있어요. 여러분이 가장 아름답다고 생각되는 사각형은 어느 것인가요?

이것은 1865년 독일의 심리학자 구스터프가 사람들을 대상으로 했던 실험이에요. 당시 가장 많은 사람들이 선택한 사각형은 바로 7번이었어요. 이 사각형의 세로와 가로 비는 13:21. 짧은 변의 길이를 1로 바꾸면, 세로와 가로 비가 약 1:1.615입니다. 이것은 놀랍게도 사람들이 흔히 말하는 '황금비'에 가까웠어요.

황금비는 가장 균형적이고 이상적으로 보이는 것으로 널리 알려져 있어요. 사람들은 무의식 중에서도 황금비를 이루고 있는 사각형에서 가장 아름답다는 느낌을 받았던 거예요.

▲ 사람들이 가장 아름답다고 느낀 7번 사각형은 세로와 가로 비가 황금비에 가까웠다.

▲ 그리스 아테네의 파르테논에는 신전 황금비가 숨어 있다.

고대 건축물과 미술 작품에서도 황금비가 발견돼요. 대표 건출물로 그리스 아테네의 파르테논 신전을 꼽아요. 파르테논 신전의 일부 길이가 황금비인 1:1.618을 따른다고 해요. 그런데 최근에는 어디에도 황금비를 따르는 신전의 실제 길이가 공개되지 않았다는 이유로 논란이 되고 있어요. 신전의 어느 부분이 황금비를 따르는지도 학자들마다 의견이 조금씩 달라요. 그렇지만 파르테논 신전이 그 존재만으로 아름답다는 사실은 논란이 없죠.

밀로의 비너스 조각상에서도 황금비를 찾아볼 수 있어요. 배꼽을 중심으로 상반신과 하반신의 비, 상반신에서 목을 기준으로 머리 부분과 그 아래 배꼽까지의 비, 하반신에서 무릎을 기준으로 무릎 아래와 무릎 위 배꼽까지의 비가 모두 거의 1:1.618을 따릅니다.

사실 건축물이나 예술 작품에 황금비를 의도적으로 사용한 것은 19세기 중반 이후라고 해요. 그 전에 만들어진 작품은 함부로 황금비를 따른다고 말하기 어렵다는 게 최근 수학자들의 주장이에요. 하지만 작품이 누구에게나 아름답게 보인다는 것만큼은 누구도 반박하기 어려운 사실이지요.

▲ 밀로의 비너스에도 황금비가 숨어 있다.

동양의 아름다운 비율, 금강비

그렇다면 우리 선조들은 어떤 비율을 가장 아름답게 여겼을까요? 고구려 문자왕 때 세운 금강사 본당터, 고려 헌종 때 지은 부석사 무량수전, 신라 경덕왕 때 세워진 경주 석굴암에서 놀랍게도 일정한 비가 발견됐어요. 황금비와는 또 다른 비율이었어요.

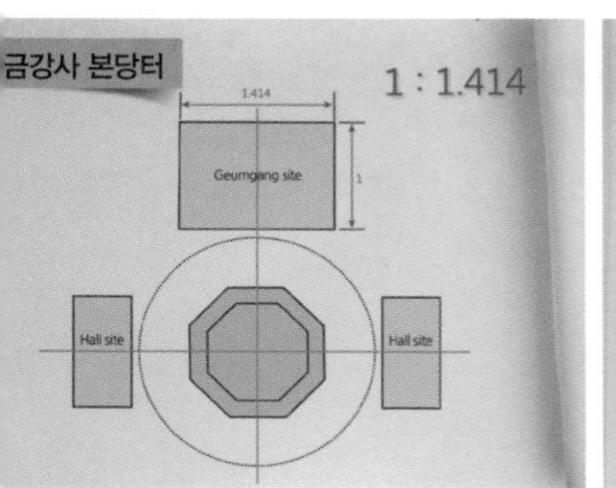

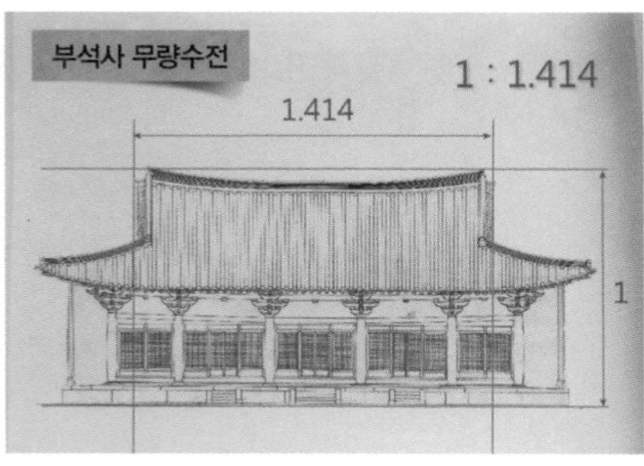

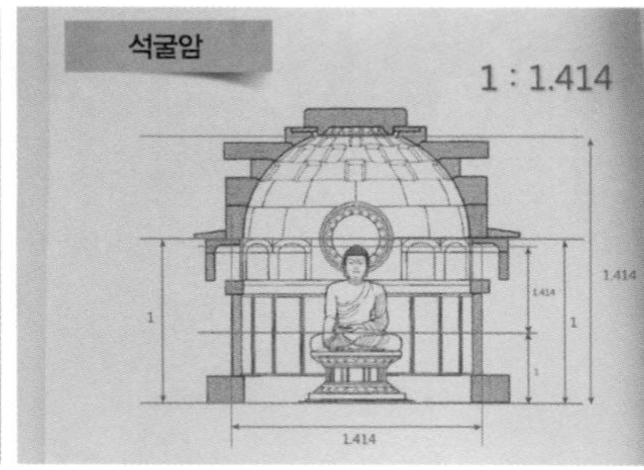

▲ 금강사 본당터, 무량수전, 석굴암에는 우리 선조들이 가장 아름답게 여긴 금강비를 찾을 수 있다.

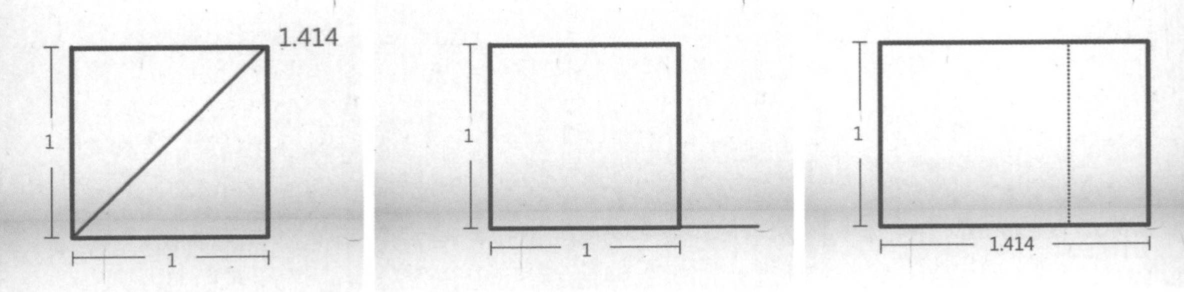

▲ 금강비인 1.414는 한 변의 길이가 1인 정사각형의 대각선의 길이와 같다.

금강사의 직사각형 모양 본당터의 세로와 가로 비가 약 1:1.414, 무량수전의 바닥면을 기준으로 세로와 가로 비가 약 1:1.414, 석굴암 본존불의 높이와 전체 높이, 본존불이 놓여 있는 공간도 세로와 가로 비가 모두 약 1:1.414예요. 특히 본존불에서 부처님의 손을 기준으로 바닥부터 손까지, 손에서 머리끝까지의 비도 약 1:1.414랍니다.
우리 선조들은 황금비인 1:1.618보다 1:1.414가 더 아름다운 비라고 여겼어요. 이때 1.414는 무리수 $\sqrt{2}$의 근삿값으로 한 변의 길이가 1인 정사각형의 대각선 길이와 같아요. 1:1.414와 같은 비를 '금강비'라고 불러요. 이름에는 여러 가지 유래가 전해지는데, 그중 하나가 금강산처럼 아름다운 비례라서 금강비라 불렀다는 말이 있어요.

금강비는 우리나라뿐 아니라 중국, 일본과 같은 동양에서 즐겨 사용했는데, 이것은 동양인의 신체적 구조 때문이라는 이야기가 전해 내려오고 있어요. 동양인보다 상대적으로 키가 큰 서양인은 금강비보다 약간 큰 황금비 1:1.618을 아름답다고 느끼는 반면, 동양인은 금강비 1:1.414에서 아름다움을 느낀다는 주장이지요.

선사 시대 기록에서 찾은 금강비

우리나라에 남아 있는 선사 시대 움집터에서도 금강비를 찾아볼 수 있어요. 움집터의 세로와 가로 길이를 재고, 그 비를 계산해 보면 1:1.414인 경우가 대부분이에요.

물론 선사 시대에 1:1.414의 비가 가장 아름답다는 걸 알고 집터를 만든 건 아닐 거예요. 다만 경험을 통해 금강비가 조화와 균형을 잘 나타낸다고 생각했던 것 같아요. 그게 자손들에게 전해져 내려와 오늘날에 이른 것이겠지요.

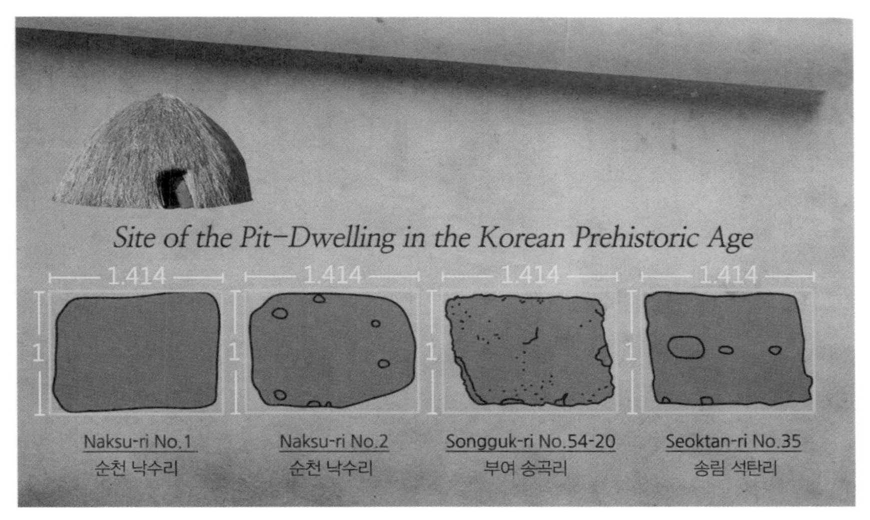

▲ 선사 시대 움집에서도 금강비를 찾을 수 있다.

015

A4 용지의 비밀

A4 용지 크기가 210×297mm인 이유

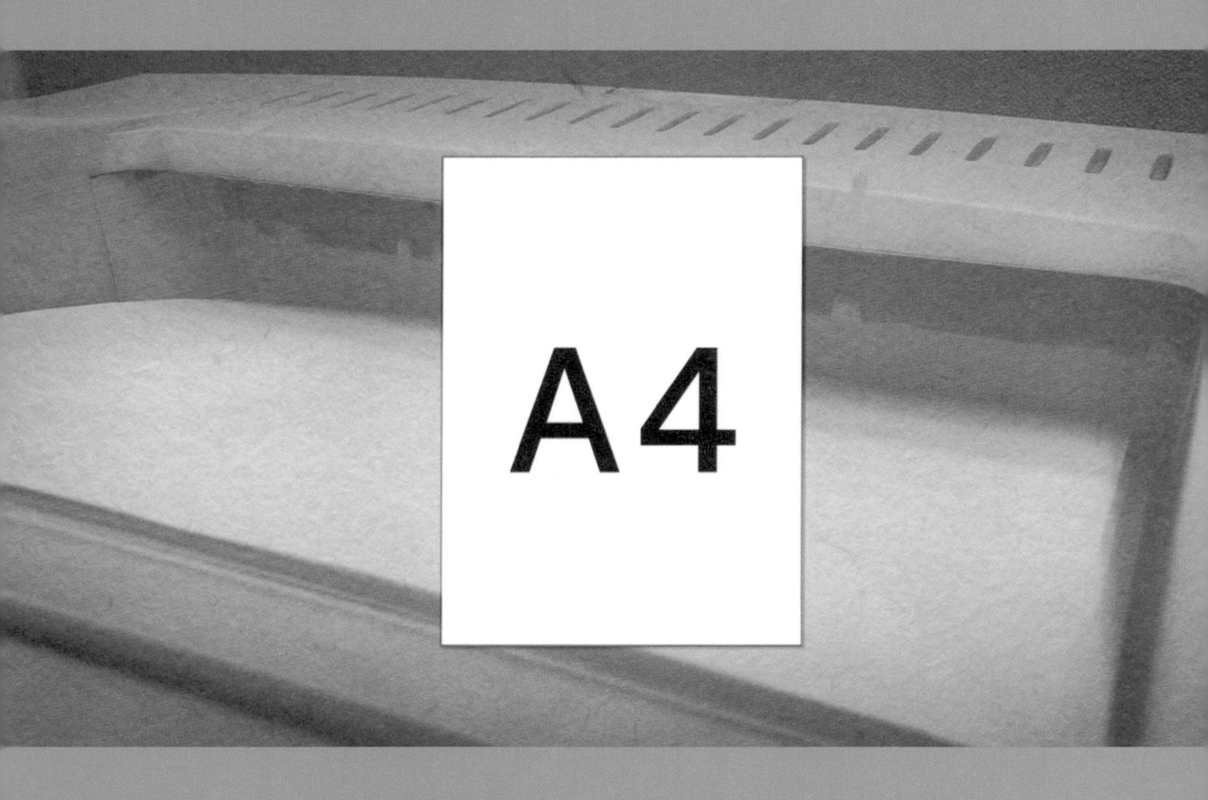

복사를 하거나 인쇄를 할 때
가장 많이 사용되는 A4 **용지**

A4 용지의 규격은 **가로** 210mm, **세로** 297mm이다.
왜 딱 떨어지는 200mm, 300mm로 정하지 않은 걸까?
그 이유는 바로 **'경제성'**에 있다.

A4 용지는 반으로 자르고
다시 절반으로 잘라도,
잘라서 생긴 직사각형이 서로
닮음이 되도록 해서
종이를 낭비하지 않도록 제작된 것이다.

이렇게 만든 A4 용지의 규격에는 **무리수**가 숨어 있다.
A4 용지의 **가로**와 **세로 비**가 바로 $1:\sqrt{2}$다.

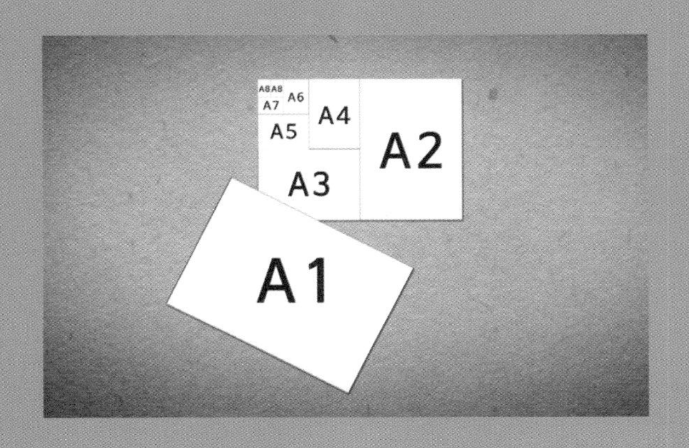

종이가 버려지는 이유

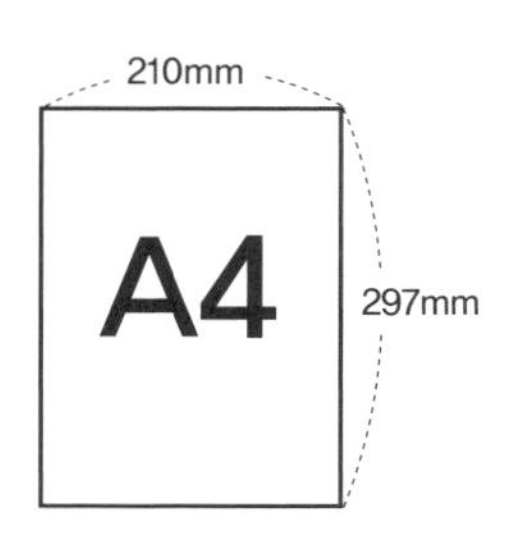

A4 용지는 복사를 하거나 인쇄를 할 때 가장 많이 사용하고 흔히 볼 수 있어요. 혹시 A4 용지의 정확한 크기를 알고 있나요? A4 용지의 정확한 크기는 가로 210mm, 세로 297mm예요. 왜 200mm, 300mm처럼 딱 떨어지는 길이가 아니라 이런 복잡한 길이로 정한 걸까요?

종이 크기에 대한 약속이 없었던 시절, 사람들은 지금과 다른 크기의 종이를 사용했어요. 큰 종이를 반으로 자르면 달라지는 가로와 세로의 비율 때문에 종이를 보기 좋게 만들려고 일부를 잘라 버려야 했어요.

예를 들어 주로 사용하던 종이의 가로와 세로 비는 3:2였는데, 이를 반으로 자르면 잘린 종이의 가로와 세로 비가 4:3으로 변해요. 사람들은 약간 뭉툭해 보이는 종이를 보기 좋게 만들려고 아래 그림처럼 색칠한 부분만큼 잘라 내서 다시 3:2 비율로 만들곤 했어요. 이는 아까운 종이가 버려지는 건 물론이고 꽤 귀찮은 일이었어요.

종이의 새로운 규격을 제안하다

1919년 독일의 물리, 화학자이자 철학자인 프리드리히 오스트발트는 큰 종이를 잘라 작은 종이를 만드는 과정에서 버려지는 종이를 최소로 만드는

▼ 가로와 세로의 비가 3:2인 종이를 반으로 자르면, 잘린 종이의 가로와 세로의 비가 4:3이 된다.

방법을 제안했어요. 큰 종이와 반으로 자른 종이가 서로 닮음인 직사각형이 되도록 만드는 방법이었어요. 이렇게 하면 큰 종이를 반으로 잘라도 항상 같은 비율이 유지되고, 버려지는 종이도 없게 돼요. 이렇게 종이의 규격은 점점 체계를 갖춰 나갔지요.

프리드리히 오스트발트
1853~1932
독일 물리, 화학자

반으로 잘라도 비율이 유지되는 종이

계속해서 반으로 잘라도 같은 비율을 유지하는 종이를 만들려면, 가장 큰 종이의 가로와 세로 길이를 얼마로 해야 할까요? 또 가로와 세로 비는 얼마로 유지해야 할까요?

큰 종이의 가로 길이를 1, 세로 길이를 x라고 가정해요. 이 종이의 가로와 세로 비는 $1:x$가 돼요. 이때 종이를 반으로 잘라 세로가 더 길게 옆으로 세워 보세요. 그러면 반으로 자른 종이의 가로 길이는 $\frac{x}{2}$, 세로 길이는 1이 돼요. 이제 두 종이의 가로와 세로 비가 같다는 성질을 이용해 비례식을 세워 보면, $1:x=\frac{x}{2}:1$이에요. 비례식은 내항의 곱과 외항의 곱은 같으므로, 식을 정리하면 $x^2=2$가 돼요.

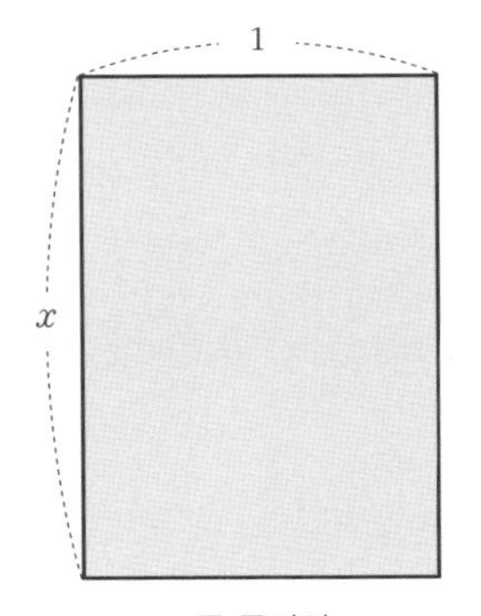

큰 종이의
(가로의 길이):(세로의 길이) = $1:x$

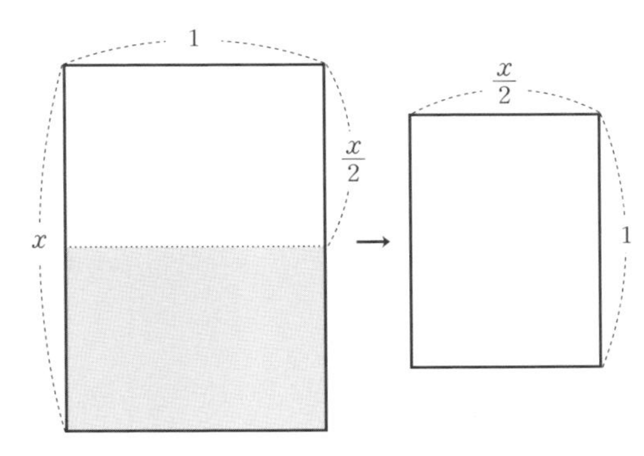

반으로 자른 종이의
(가로의 길이):(세로의 길이) = $\frac{x}{2}:1$

여기서 잠깐! 어떤 수 x를 제곱해 a가 될 때 $x^2=a$라고 쓰고, 이때 x를 a의 제곱근이라고 불러요. a가 양수일 때 제곱근은 항상 2개씩 존재하고, 기호 $\sqrt{\ }$를 사용해 양의 제곱근은 $\sqrt{a}$, 음의 제곱근은 $-\sqrt{a}$라고 써요.
따라서 제곱해서 2가 되는 x는 $\sqrt{2}$ 또는 $-\sqrt{2}$이고, 종이 길이는 양수이므로 x는 $\sqrt{2}$가 돼요. 다시 말해 이 특별한 종이의 가로와 세로의 비는 $1:\sqrt{2}$가 되는 거예요.

국제 표준 용지

1922년 독일공업규격 위원회는 오스트발트의 제안을 받아들였어요. 그의 제안대로 종이를 만들면 종이 제작 과정이 경제적일 뿐만 아니라 사용하는 사람들도 훨씬 편리했거든요. 독일공업규격 위원회는 가장 큰 종이의 넓이를 $1m^2$으로 정하고, 가로와 세로 비는 $1:\sqrt{2}$가 되도록 종이 길이를 정했어요. 가로 길이는 841mm, 세로 길이는 1189mm가 되는 이 종이를 A0이라고 하고, 종이를 반으로 자를 때마다 A 뒤에 붙인 숫자를 다르게 불렀어요. A0 용지를 반으로 자르면 A1, A1 용지를 반으로 자르면 A2, A2 용지를 반으로 자르면 A3, A3 용지를 반으로 자르면 우리가 잘 알고 있는 A4 용지가 돼요. 이것이 A4 용지 크기가 210mm×297mm가 된 이유예요.

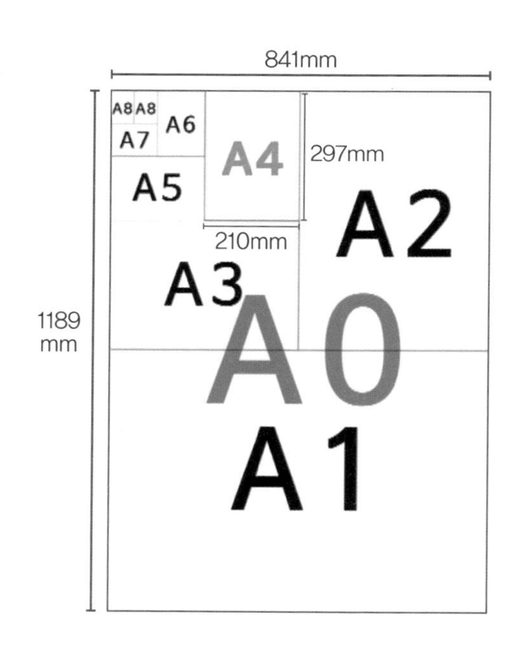

우리가 무심코 쓰던 종이 속에는 낭비를 줄이기 위한 사람들의 노력과 지혜가 담긴 특별한 무리수가 숨어 있었답니다.

016

애매한 걸 정해 주는 퍼지 이론

아름다움을 수학으로 증명하라!

퍼지 이론
Fuzzy Theory

애매하다. 모호하다.

퍼지 이론은 애매하고 불분명한 상황을
수학으로 말할 수 있게 한다.
'두어 개', '서너 개', '약', '조금'과 같은
애매한 표현을 어떤 값으로 **나타낼 수 있다.**

퍼지 이론은 1965년 미국 버클리대학교
자데 교수가 정리한 이론으로,

부정확하고 불확실한 일을 수학으로 표현하기 위해 다양한 개념과 기법을 활용한다.

퍼지 이론은 가전제품이나 지하철 같은
자동제어 분야에 응용돼 **큰 변화**를 가져왔다.
그로 인해 컴퓨터는 더욱 진화했고,
생활에 편리함과 **안전함**은 더 강조됐다.

아내의 아름다움을 증명하라

'예쁘다', '멋있다'와 같은 주관적인 표현은 수학으로 증명하기 어려워요. 사람마다 그 기준이 다르기 때문이에요.

1965년 어느 날 미국 버클리대학교 자데 교수는 '옆집 아주머니보다 자신의 아내가 더 예쁘다'라는 것을 수학으로 표현하고, 이를 객관적으로 증명하고 싶어졌어요. 조금 엉뚱한 생각이었지만, 덕분에 그때까지의 수학이 애매한 것은 정해 주지 않는다는 것을 깨달았지요.

'예' 또는 '아니오'로만 설명할 수 있는 단순한 논리 구조로는 복잡하고 애매한 것들이 많은 현실 세계를 모두 설명할 수 없었어요. 그래서 자데 교수는 안 예쁘면 0, 예쁘면 1이라고 할 때, 0과 1 사이에 '보통이다', '나름 괜찮다', '제법 예쁘다'와 같은 개념들의 상대적인 중요도를 일정한 값으로 나타냈어요. 그런 다음 '내 아내는 옆집 아주머니보다 예쁘다' 대신, '내 아내는 옆집 아주머니보다 0.7 정도 예쁘다'라고 표현했지요.

자데 교수는 이 이론을 '애매하다', '모호하다'라는 뜻을 가진 '퍼지(fuzzy)'라는 단어를 사용해서 '퍼지 이론'이라고 불렀어요. 그러나 자데 교수가 퍼지 이론을 발표하자, 수학자들은 애매하고 모호한 것은 수학이 될 수 없다며 수학으로 인정하지 않았어요.

전자제품의 진화를 이끈 퍼지 이론

하지만 퍼지 이론이 전자제품에 응용되면서 상황은 정반대로 변했어요. 전통적인 컴퓨터 프로그램은 '예' 또는 '아니오'만 처리할 수 있었지만, 퍼지 이론으로 다양한 단계의 명령어를 처리할 수 있게 되었기 때문이에요.

예를 들어 '에어컨 설정 온도를 25℃로 맞춰라'처럼 구체적인 명령어는 쉽게 처리할 수 있어요. 하지만 '에어컨을 시원하게 틀어라'처럼 애매한 명령어는 처리하기 어려웠지요. 사람마다 더운 정도나 원하는 냉방 온도가 다르기 때문에 객관적인 기준이 필요했어요. '예' 또는 '아니오'만 인식하던 기존 전자제품이 이런 애매한 상황을 판단하는 것은 불가능했지요.

하지만 퍼지 이론이 적용된 에어컨은 현재 실내 온도를 측정하는 센서를 이용해, 이것을 기준으로 명령의 정도를 파악해요.

만약 실내 온도가 30℃일 때, 에어컨 설정 온도가 28℃이면 사람들이 시원함을 느낄 확률은 0.25, 25℃면 0.5, 20℃면 0.75, 18℃면 대부분의 사람들이 확실히 시원함을 느끼므로 확률은 1이라고 할 수 있어요. 또 설정 온도가 35℃가 되면, 시원하다고 할 수 없는 상태이므로 확률은 0이 돼요. 따라서 30℃에서 에어컨은 '시원하게'라는 명령을 받으면, 여러 가지 보기 중에 대부분의 사람들이 시원함을 느낄 수 있는 18℃를 선택하는 거예요. 이 확

▼ 퍼지 이론이 적용된 에어컨은 실내 온도를 측정해 '시원하다'의 기준을 먼저 잡는다.

률은 센서로 파악한 현재 온도에 따라 기준이 수시로 바뀌어요.

일상에서 만나는 퍼지 이론

퍼지 이론이 생활 곳곳에 사용되면서 더욱 더 편리해졌어요.

예전에 지하철은 '출발'과 '멈춤' 두 가지만 있어서 속도를 자유롭게 조절하기 힘들었어요. 그래서 승객들이 느끼기에 갑자기 멈추거나 갑자기 출발하는 일이 많았지요.

하지만 지하철 운행에 퍼지 이론을 적용한 후에는 이런 일을 크게 줄일 수 있었어요. 퍼지 이론으로 출발과 멈춤 사이에 기준을 여러 개 입력해서 속도를 다양하게 조절할 수 있도록 만들었어요. 덕분에 지하철이 무리하게 멈추거나 출발하는 일이 줄어들어 사람들이 더 편하게 이용할 수 있게 됐지요.

전기밥솥도 예전에는 '켜짐'과 '꺼짐' 두 가지만 있었어요. 그런데 전기밥솥에 퍼지 이론을 적용하자, 온도와 열을 더 세밀하게 조절할 수 있게 되어 더욱 맛있는 밥을 먹을 수 있게 됐지요.

오늘날 퍼지 이론은 비행기, 엘리베이터, 자동차, 로봇, 세탁기, 스마트폰 등 다양한 분야에 적용되고 있어요. 또 퍼지 이론을 기초로 한 새로운 컴퓨터도 개발되고 있답니다. 가까운 미래에는 사람보다 더 사람다운 기계를 만날 수 있을 거예요. 이것이 모두 퍼지 이론이라는 새로운 수학 이론에서 시작된 것입니다.

Mathematicians are like Frenchman;
whatever you say to them they translate it into their own
language and forthwith it is something entirely different

수학자는 프랑스 사람을 닮았다.
누가 뭐라고 이야기하든 자신의 언어로만 생각한다.
그래서 그 이야기는 당장 다른 것이 되어버린다.

• 요한 볼프강 폰 괴테 •

/ Part 2 /

문자와 식에 관한 최소한의 수학지식

017

문자 기호의 탄생

어떤 수가 x가 되기까지

고대의 수학 문제는 지금과는 많이 달랐다.
이야기 혹은 한 편의 시처럼 보였다.

문자와 식이 없었기 때문이다.

문명이 점점 발달하면서 수가 널리 사용됐고,
실용적인 산술과 측량으로 대수학과 기하학이 발달하게 됐다.
그러면서 사람들은 점점 문자나 식의 필요성을 느꼈고,
서서히 문자를 도입해 불편을 해소했다.

그럼 미지수 x는 누가 사용한 것일까?
바로 프랑스의 철학자이자 수학자인 데카르트가
미지수를 처음 사용했다.

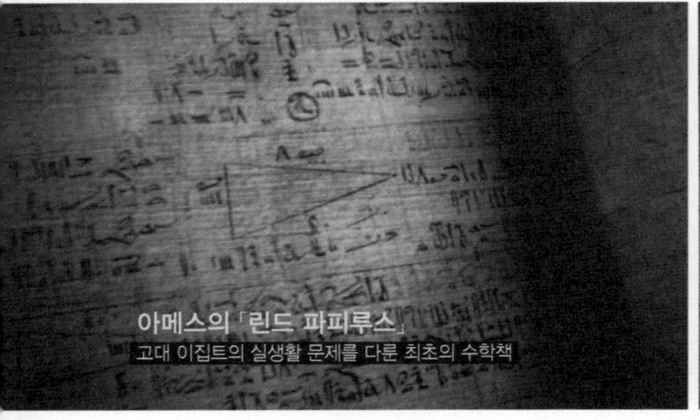

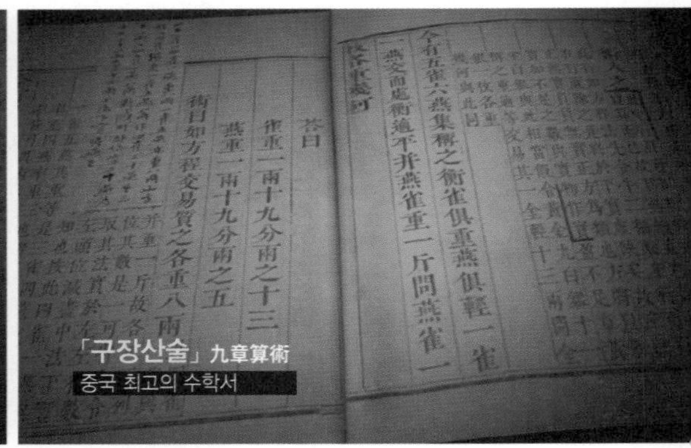

▲ 고대 이집트와 중국의 수학책에서는 수학 기호나 문자를 찾아보기 어렵다.

이야기처럼 적혀 있는 고대 수학 문제

지금은 수학식을 다양한 기호와 문자로 표현하지만 수학 기호가 없던 고대인들은 모든 수학 문제를 글로 표현했어요. 이집트의 수학책이나 중국의 수학책에서도 수학 기호나 문자를 찾아보기 어려워요.

고대 그리스 시대의 수학책에도 글만 잔뜩 적혀 있어요.

고대 그리스 수학책의 문장 하나를 해석해 보면, '어떤 수를 세 번 곱한 값의 두 배에, 어떤 수를 두 번 곱한 값의 다섯 배를 빼고, 3을 더한다'라는 말이에요.

오늘날에는 이를 '$2x^3-5x^2+3$'이라고 식으로 간단하게 표현하겠지요.

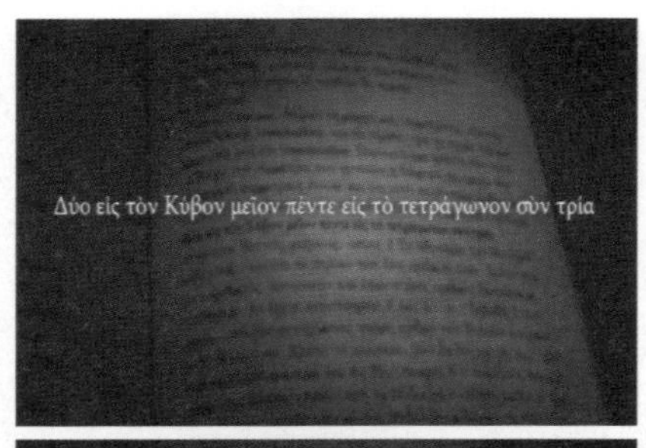

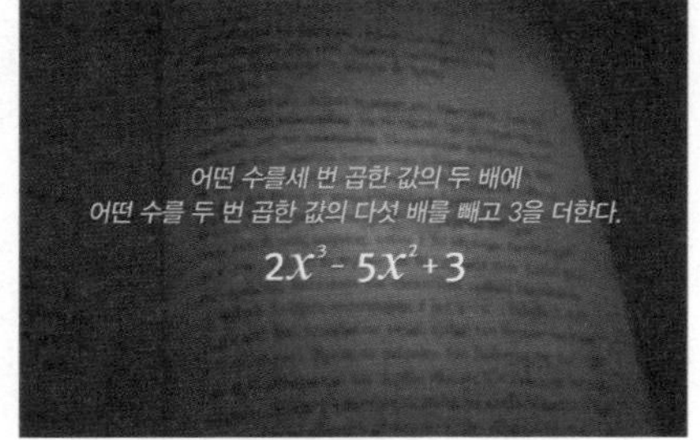

◀ 고대 그리스 수학책에는 수학 문제가 이야기나 한 편의 시처럼 적혀 있다.

수학에서 문자 기호의 등장

그럼 수학에서 문자 기호를 사용한 것은 언제부터일까요?

▲ 디오판토스는 수학식에 처음으로 문자 기호를 사용했다.

수학의 역사에서 문자 기호의 사용이 언제부터 시작되었는지 정확히 알기는 어려워요. 하지만 문자의 사용은 인도에서 시작되어 유럽으로 전해졌을 것이라고 추측해요.

인류 역사상 최초로 수학에 문자 기호에 대한 표현이 실려 있는 책은 디오판토스가 쓴 「산학」이에요. 3세기 후반 그리스의 수학자 디오판토스는 식을 표현할 때, 줄글 대신에 기호를 처음으로 사용했어요. '어떤 수의 세제곱'은 'K^{r}'로, 계수 2는 'β'로, 빼기는 'Λ'로, '어떤 수의 제곱'은 'Δ^{r}'으로, 계수 5는 'ε'로, 상수항 3은 'γ'로 나타냈어요. 물론 복잡한 기호였지만 긴 문장으로 표현하는 것보다는 간편했어요.

수학식에 처음으로 문자를 도입한 공을 기려 디오판토스를 '대수학의 아버지'라고 불러요.

16세기 프랑스의 수학자 비에트는 1591년 「해석학 입문」에서 알파벳을 써서 식을 표현했어요. 어떤 수의 세제곱은 Ac, 어떤 수의 제곱은 Aq로 표기했지요. 영국의 수학자 해리엇의 표기법은 조금 더 간단했어요. 어떤 수의 세제곱은 AAA, 어떤 수의 제곱은 AA로 나타냈어요.

▼ 비에트의 표기법

▼ 해리엇의 표기법

▲ 데카르트는 1637년 「방법서설」에서 모르는 수를 x, y, z로 사용하기로 약속했다.

어떤 수가 x가 되기까지

수학 기호는 복잡한 식을 간편하게 표현하기 위해 계속 변해 왔어요. 그 과정에서 잘 모르는 어떤 수, 즉 미지수를 표현하는 x라는 기호가 등장했지요. x 표기법을 처음 사용한 사람은 '나는 생각한다, 고로 존재한다'는 유명한 말을 남긴, 프랑스의 철학자이자 수학자인 데카르트예요. 데카르트는 26개의 알파벳 중에서 왜 x를 미지수로 정했을까요?
여기에는 여러 가지 설이 전해지는데, 그중 한 가지 일화를 소개할게요.

어느 날 데카르트가 공들여 완성한 수학 논문을 인쇄소에 맡기러 갔을 때의 일이에요. 당시 인쇄술은 활자 인쇄여서 인쇄소에는 인쇄할 페이지의 판을 짜는 담당인 '식자공'이 따로 있었어요. 식자공은 글의 원리를 잘 알고, 원고대로 활자를 판 위에 올리는 사람이에요.
데카르트는 식자공에게 수학식에서 가장 많이 등장하는 '어떤 수'를 간단하게 표현할 방법이 없을지 상의했어요. 그러자 식자공은 프랑스어 중에서 가장 사용 횟수가 적은 'x'를 추천해 주었다고 해요.

이 이야기가 사실인지는 확인할 수 없지만, 데카르트가 x 표기법을 처음 사용한 것만큼은 사실이에요.

데카르트가 1637년에 쓴 「방법서설」의 기하학 부분에서 모르는 수는 x, y, z로 사용하겠다고 나오거든요.

데카르트는 학문 중에 수학만이 확실한 것이라고 생각했어요. 오늘날 우리는 데카르트 덕분에 어떤 수를 x, y, z로 나타내고 있지요. 미지수를 x라는 문자로 나타내기 시작하면서 수학은 더욱 발전하게 되었답니다.

018

방정식의 시작

고대 이집트와 중국의 방정식

가장 오래된 수학책
고대 이집트 「린드 파피루스」에는
84개의 수학 문제가 기록돼 있다.
그중에는 다음과 같은 방정식 문제도 있다.

"아하와 아하의 $\frac{1}{7}$의 합이 19일 때
아하를 구하라."

이집트 사람들은 모르는 어떤 수를 구하려고
적당한 값을 어림짐작해 방정식을 풀었다.
모르는 것을 안다고 생각하고 문제를 해결하는 것,
그것이 바로 방정식의 시작이다.

「린드 파피루스」 24~27번 문제

「린드 파피루스」
고대 이집트의 실생활 문제를 다룬 최초의 수학책

가장 오래된 수학책, 「린드 파피루스」

방정식은 인간의 호기심이 빚어낸 최고의 창작물이라 해도 과언이 아니에요. 방정식은 미지수 x를 찾기 위한 위대한 여정이거든요. 방정식의 역사는 동서양 할 것 없이 오랜 옛날로 거슬러 올라가요.
기원전 1650년 고대 이집트의 서기관 아메스는 왕국의 어려움을 해결하는 데 쓰일 수학 문제를 적어 책으로 만들었어요. 이 책이 바로 세상에서 가장 오래된 수학책인 「린드 파피루스」예요. 이 책에는 가축의 먹이를 혼합하는 방법부터 술의 농도를 구하는 법까지, 실생활과 밀접한 내용이 수학 문제로 적혀 있어요. 「린드 파피루스」에는 모두 84개의 수학 문제가 실려 있는데, 그중에는 일차방정식 문제도 있답니다.

「린드 파피루스」 24번 방정식 문제

"아하와 아하의 $\frac{1}{7}$의 합이 19일 때, 아하를 구하여라."
미지수를 문자로 나타내지 못했던 시절, 이집트 사람들은 지금의 미지수 x를 '아하'라고 표현했어요. 이 문제를 식으로 나타내면 '아하+아하$\times\frac{1}{7}$=19'가 돼요. 그럼 이집트 사람들은 이 문제를 어떻게 풀었을까요?

▣ 고대 이집트 사람들의 풀이법: 아하+아하$\times\frac{1}{7}$=19

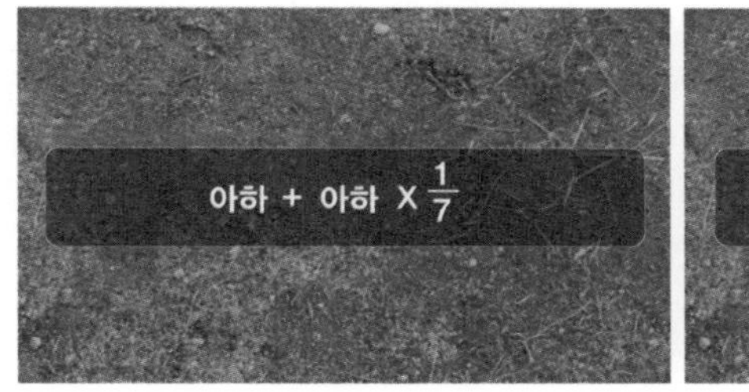

① 「린드 파피루스」 24번 문제

② 아하를 7이라고 하면 그 값은 8이다.

③ 8을 실제 구하려는 값 19로 만들기 위해 조약돌 8개와 흰돌 1개를 준비한다.

④ 흰돌을 2배로 늘리면 조약돌은 16개가 된다.

⑤ 조약돌 16개에 조약돌 2개(흰돌의 $\frac{2}{8}$)와 조약돌 1개(흰돌의 $\frac{1}{8}$)를 더하면 19개가 된다.

⑥ 조약돌 19개를 흰돌로 바꿔 나타내면 $\frac{19}{8}$개다.

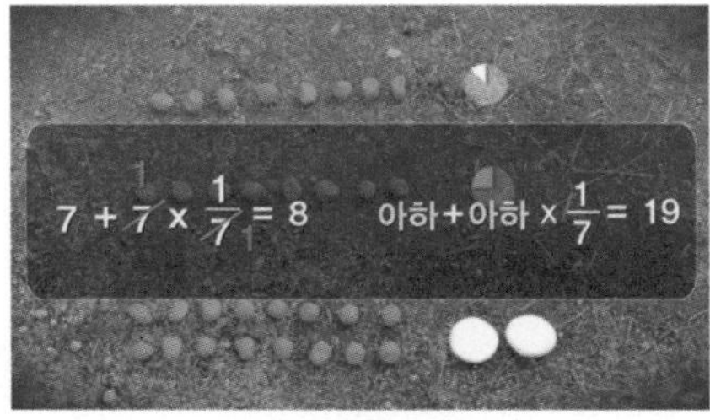

⑦ 따라서 아하가 7일 때 값은 8이고, 8이 19가 되려면 아하값 7에 $\frac{19}{8}$배를 하면 된다.

⑧ 아하값은 $\frac{133}{8}$ 임을 알 수 있다.

이집트 사람들은 어떤 수인 아하값을 알아내려고, 아하를 7이라고 가정해 식에 대입했어요. 그럼 식의 값은 $7+7\times\frac{1}{7}=8$이 되지요. 그런데 문제를 풀려면 식의 값을 8이 아닌, 19로 만들어야 해요. 이를 해결하기 위해 조약돌을 준비했어요. 조약돌 8개를 19개로 만들면 진짜 아하값을 찾을 수 있어요. 먼저 조약돌을 2배로 늘리면 조약돌이 16개가 되고, 여기에 조약돌 2개와 1개를 합하여 조약돌을 19개로 만들었어요.

이때 조약돌이 처음보다 얼마나 늘었는지 알아보기 위해 흰돌 하나를 옆에 놓고 비교해 봤어요. 조약돌 8개를 흰돌 1개와 같다고 보면, 조약돌 16개는 흰돌의 2배, 조약돌 2개는 흰돌의 $\frac{2}{8}$배, 조약돌 1개는 흰돌의 $\frac{1}{8}$배로 조약돌 19개를 흰돌로 나타내면 $\frac{19}{8}$예요. 조약돌은 처음보다 $\frac{19}{8}$배 늘어난 셈이지요. 아하가 7이면 식의 값이 8이고, 8이 19가 되려면 $\frac{19}{8}$배를 해야 해요. 등식의 성질에 따라 7에 $\frac{19}{8}$배를 해 주면, 아하값은 $\frac{133}{8}$임을 알 수 있어요. 다시 처음 식에 대입해 보면, $\frac{133}{8}+\frac{133}{8}\times\frac{1}{7}=19$로 식이 성립해요. 미지수 값을 구하기 위한 고대 이집트 사람들의 노력이 아름답게 빛나는 순간이에요.

방정식 용어의 유래

방정식이란 말은 언제부터 사용했을까요? '방정'이란 말은 2000년 전 중국 수학책인 「구장산술」에 처음 등장한 것으로 알려져 있어요. 「구장산술」의 여덟 번째 장이 바로 방정장이에요.

▼ 고대 중국 수학책인 「구장산술」에 처음으로 '방정'이란 말이 등장했다.

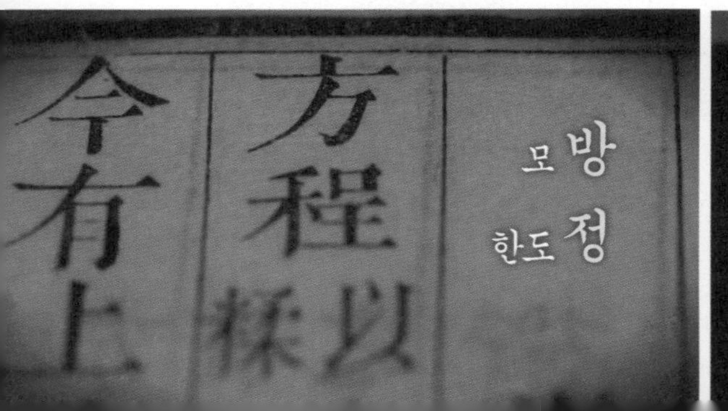

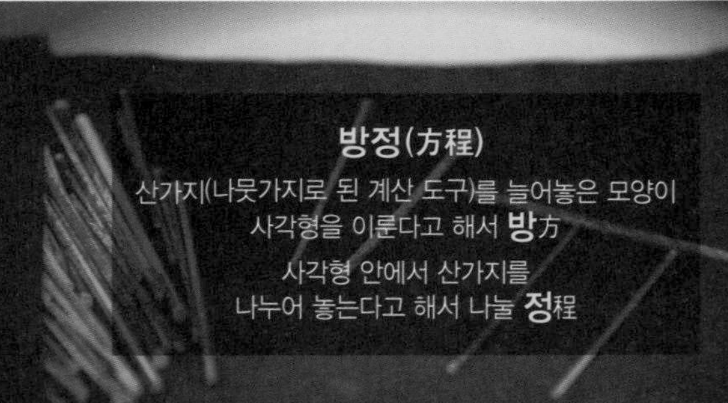

복잡한 수학 문제를 풀 때 종종 산가지를 이용했던 중국 사람들은 산가지를 이리저리 늘어놓은 모양이 사각형 같다고 해서 '방(方)', 사각형 안에서 산가지를 나눠 놓는다는 뜻에서 '정(程)'이라는 말을 사용했다고 해요. 오늘날에는 문자의 값에 따라 참 또는 거짓이 되는 등식을 방정식이라고 불러요.

중국 사람들은 땅의 넓이나 세금을 계산할 때 주로 방정식으로 답을 구했다고 해요.

동서양 할 것 없이 오래전부터 방정식은 우리 생활 속 문제를 해결하는 훌륭한 도구였답니다.

019

/

수학 기호의 탄생

수학 기호의 역사

수의 계산과 수학의 개념을 간결하게 표현하는
여러 수학 기호들.
기호를 사용하면 말이나 글보다
간단하게 정보를 표현할 수 있다.

수학은 언어가 달라도 기호만으로
소통할 수 있다.
덕분에 여러 나라의 수학자들이
같은 주제를 함께 연구할 수 있다.

말이나 글로 설명하면 길어지는 내용을
기호로 간단히 표현할 수 있어서

흔히 수학을 '약속의 학문' 또는 '기호의 학문'이라 부른다.

사칙연산 기호의 탄생

수학 기호는 수의 계산과 수학의 개념을 간결하게 나타내요. 지금과 같은 수학 기호를 쓰기 시작한 것은 그리 오래되지 않았어요. 그럼 우리가 가장 많이 사용하는 +, −, ×, ÷는 언제부터 사용하게 되었을까요?

1202년에 이탈리아 수학자 피보나치가 쓴 「주판서」에서는 '7 더하기 8'을 '그리고'라는 뜻을 가진 라틴어 et를 사용해서 '7 et 8'이라고 표현했어요. 그 뒤로 사람들은 'et'를 필기체로 흘려 썼고, 시간이 흘러 그 모양이 '+'가 됐어요.

et → *et* → … → +

지금과 같은 모양의 덧셈 기호 '+'가 처음 등장하는 책은 1489년 독일의 수학자 비트만이 쓴 「산술 교본」이라는 책이에요. 이 책에서 '+'는 '과잉'이라

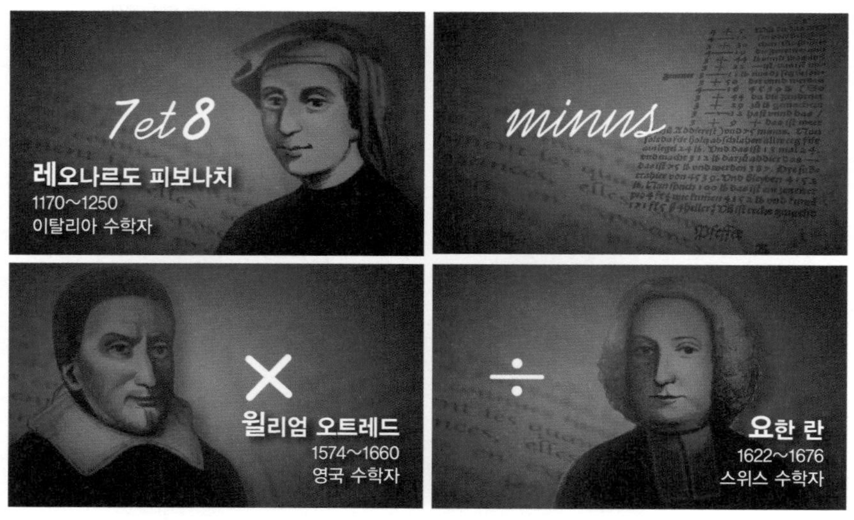

▲ +, −, ×, ÷ 기호의 시작

는 뜻으로 쓰였어요. 그러다 1514년 네델란스 수학자 호이케가 '더하기'라는 뜻으로는 '+'를 처음 쓰기 시작했고, 그 뒤로 프랑스의 수학자 비에트를 통해 널리 알려져 오늘날까지 사용하고 있어요.

뺄셈 기호 '−' 역시 비트만의 「산술 교본」에 '+' 기호와 함께 등장해요. 처음에 '부족'의 뜻으로 사용하다가 비에트가 현재 '빼기'의 뜻으로 사용하기 시작했어요. '−'는 '모자라다'라는 뜻의 라틴어 minus의 약자 m을 점점 빨리 쓰다가 현재 모양이 되었다는 이야기도 있지만, 이 이야기가 기록으로 남아 있지는 않아요.

곱셈 기호 '×'는 영국의 수학자 윌리엄 오트레드가 1631년에 쓴 「수학의 열쇠」라는 책에 처음 등장해요. 그는 교회의 십자가에서 힌트를 얻어 '×'를 만들었다고 해요. '×'는 처음에는 문자 x와 유사하여 잘 사용하지 않다가 19세기 후반에 이르러 널리 사용하게 되었어요.

나눗셈 기호 '÷'는 1659년 스위스의 수학자 요한 란이 쓴 「대수책」에서 처음 사용했어요. 그는 일반적인 분수의 모양을 관찰하다가 분자와 분모를 각각 점으로 나타내 오늘날의 '÷'를 만들었답니다.

등호와 부등호의 탄생

수의 크기를 비교할 때 쓰는 수학 기호 등호(=)와 부등호(>, <)는 언제부터 사용했을까요? 1557년 영국의 수학자 로버트 레코드는 자신의 책 「지혜

▼ 등호(=)는 로버트 레코드가 처음 사용했다.

▼ 부등호(>, <)는 토마스 해리엇이 처음 사용했다.

의 숫돌」에서 '같다'는 뜻으로 처음 등호(=)를 사용했어요. 그는 '세상에 두 개의 평행선 폭만큼 똑같은 것은 없다'고 생각해 평행하는 두 선으로 등호를 나타냈어요. 처음에는 두 평행선의 길이가 길었지만, 점점 길이가 짧아져 오늘날의 등호가 되었어요.

부등호(>, <)는 영국의 천문학자 토마스 해리엇이 처음 사용했고, 그 전에는 오트레드가 만든 기호를 사용했어요. 100년 뒤 프랑스의 과학자 부르케가 '크거나 같다', '작거나 같다'를 의미하는 부등호 '≥, ≤'를 처음으로 사용했어요.

파이(π)의 탄생

원주율은 원의 지름에 대한 원주의 비율을 말해요. 그 값은 약 3.14로 알려져 있죠. 원 모양 바퀴를 빗대어 생각해 보면, 바퀴를 지름의 약 3.14배만큼 굴렸을 때 딱 한 바퀴가 돼요.

보통 원주율을 나타낼 때에는 π라고 표시해요. π는 둘레를 뜻하는 그리스어의 첫 글자를 딴 거예요. 영국의 수학자 윌리엄 존스가 1706년 출간한 책에서 처음 π의 사용을 제안했어요. 그러다 유명한 스위스 수학자 오일러가 그의 책에서 원주율을 π로 사용하면서 널리 사용되기 시작했어요.

π도 기호일까요? 원주율을 나타내는 π는 그 자체로 '무한소수', '무리수'이므로 '기호'보다는 '수'에 더 가깝지만 사람들과 약속된 문자이기 때문에 기호의 의미도 담고 있답니다.

020

탈레스의 방정식 이야기

미지의 x로 호기심을 해결하라!

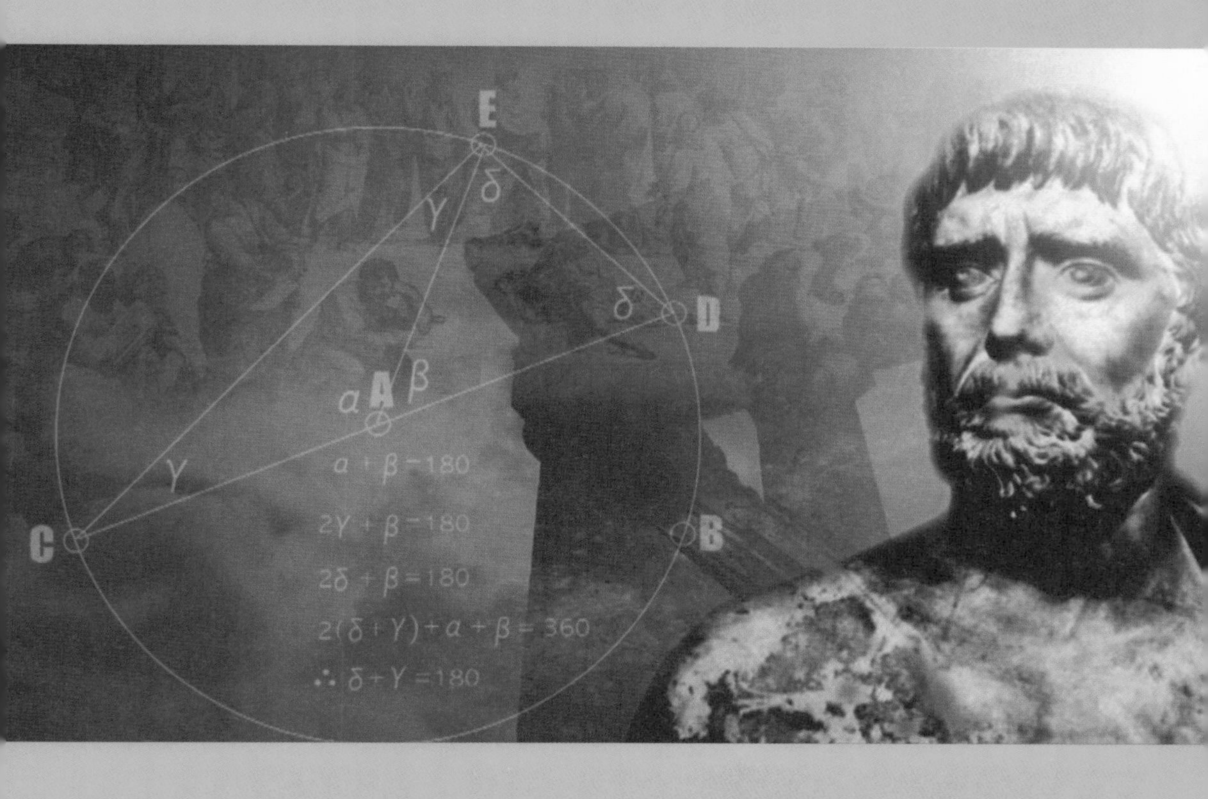

세상의 수많은 숨겨진 비밀과 풀리지 않은 문제들,
그 속엔 늘 x가 있었다.

탈레스는 피라미드에 올라가지 않고서
피라미드의 높이를 구했고,
에라토스테네스는 직접 지구를 돌지 않고서
지구의 둘레를 구했다.
모두 **방정식**과 x 덕분이다.

다양한 호기심을 해결하기 위해
인류가 생각해 낸 강력한 수단 '방정식'.

방정식을 통해 우리는 미지의 x값을 구할 수 있다.

육지에서 배까지의 거리 구하기

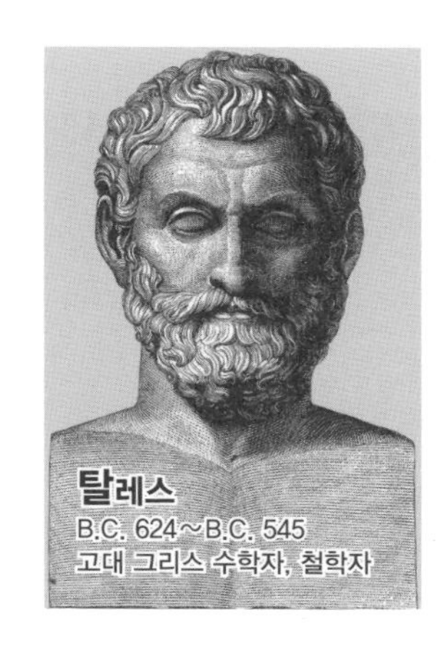

고대 그리스의 수학자이자 철학자였던 탈레스는 오늘날 수학의 기초를 다진 최초의 수학자로 불려요. 어린 시절부터 주변에서 일어나는 모든 현상을 주의 깊게 관찰하고 연구했던 탈레스는 차곡차곡 쌓인 지식과 지혜 덕분에 만능 해결사로도 유명했어요. 그래서 그가 가는 곳에는 항상 어려움을 해결해 달라는 사람들로 북적였다고 해요.

평소에 천문학에도 관심이 많았던 탈레스는 태양이 달에 의해 완전히 가려지는 개기일식 날짜를 정확히 예측하기도 했어요. 덕분에 사람들은 더욱 탈레스를 존경했고, 그에게 도움 받고 싶어 했어요.

그러던 어느 날 한 어부가 탈레스를 찾아왔어요. 그리고는 육지에서부터 먼 바다에 떠 있는 배까지의 거리를 계산해 달라고 부탁했어요.
탈레스는 어떻게 배까지의 거리를 구했을까요?

▣ **육지에서 배까지 거리 구하기**

① 현 위치에 서서 배까지 선분을 긋는다.

② 배에서 육지를 바라볼 때 현 위치에서 연장한 직선과 수직을 이루는 선분을 긋는다.

③ 현 위치에서 배까지의 선분과 평행한 선분을 그어 닮음인 직각삼각형을 만든다.

④ 배까지의 거리를 x라고 두고, 두 삼각형의 닮음비를 이용한 비례식을 세워 답을 구한다.

먼저 현 위치에서 배가 있는 곳을 향해 선분을 그은 다음, 배에서 육지를 바라볼 때 현 위치에서 연장한 직선과 수직을 이루는 선분을 그었어요. 그런 다음 현 위치에서 배까지 그은 선분과 평행한 선분을 그어 닮음인 직각삼각형이 2개가 되도록 만들었어요. 그런 다음 탈레스는 이 두 직각삼각형의 닮음비를 이용해 문제를 풀었어요.

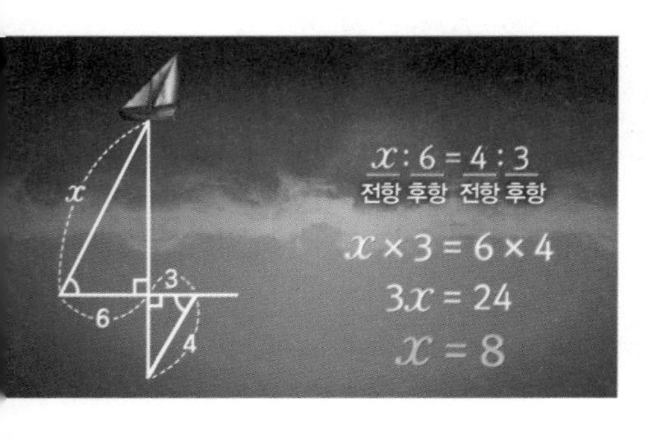

구하고자 하는 값인 배까지의 거리를 x라고 하면, 두 삼각형의 닮음비를 이용해 '비례식'을 세울 수 있어요. 여기서 비례식이란 두 개 이상의 비가 등호로 연결된 식을 말해요. 비례식에서 앞에 있는 항을 '전항', 뒤에 있는 항을 '후항'이라고 해요. 비례식은 전항을 분자, 후항을 분모로 하는 유리수 꼴로 나타낼 수도 있어요.
비례식은 외항을 곱한 값과 내항을 곱한 값이 같아요. 이 성질을 이용하면 미지수 x를 구하는 식, 바로 '방정식'을 세울 수 있어요.
방정식은 식에 포함된 문자나 미지수 x값에 따라 참이 되기도 하고 거짓이 되기도 하는 등식이에요. 결국 방정식은 그 식을 참으로 만드는 x값을 찾는 게 최종 목표예요.
탈레스는 $x:6=4:3$과 같은 비례식을 세우고 방정식을 이용해 배까지의 거리 x값이 8이라는 사실을 알아낸 거예요.

작은 막대 하나로 피라미드 높이 구하기

고대 이집트의 피라미드 하나를 완성하기 위해서는 10만 명이 20년 동안 쌓아 올려야 했어요. 이런 엄청난 규모의 피라미드는 지금도 보는 사람의 탄식을 자아내요.

탈레스는 이 피라미드의 높이를 올라가지도 않고 측정했다는 일화가 전해져요. 탈레스의 명성이 이웃 나라까지 전해지면서 피라미드의 높이를 구해 달라는 이집트 왕의 요청이 있었어요. 탈레스는 피라미드의 높이를 작은 막대기 하나로 구했어요.

어떻게 작은 막대기 하나로 피라미드 높이를 구했을까요?

▣ 피라미드의 높이 구하기

① 피라미드 옆에 막대를 세운다.

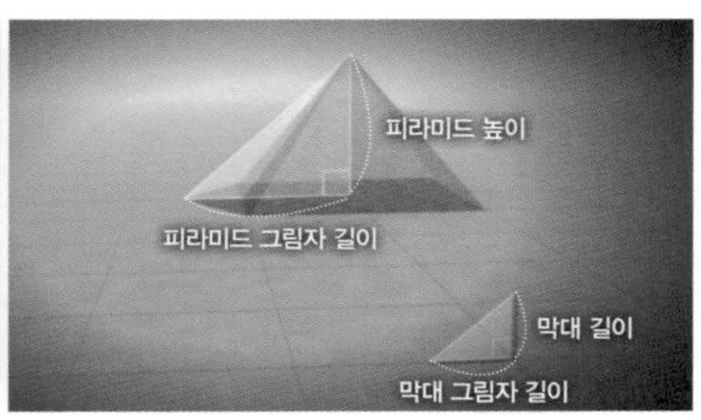

② 막대와 피라미드의 그림자 길이를 측정한다.

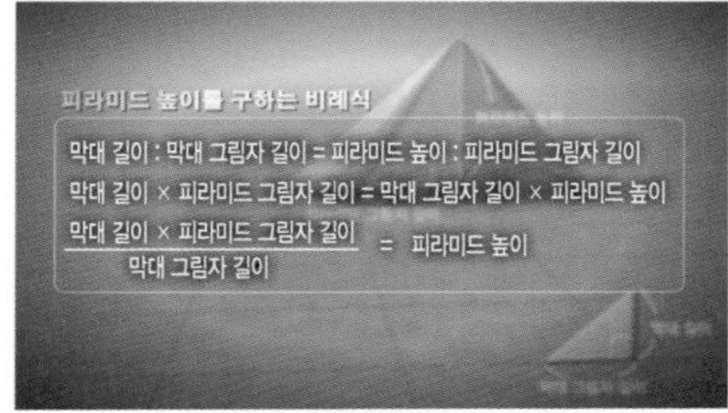

③ 피라미드 높이를 구하는 비례식을 만든다.

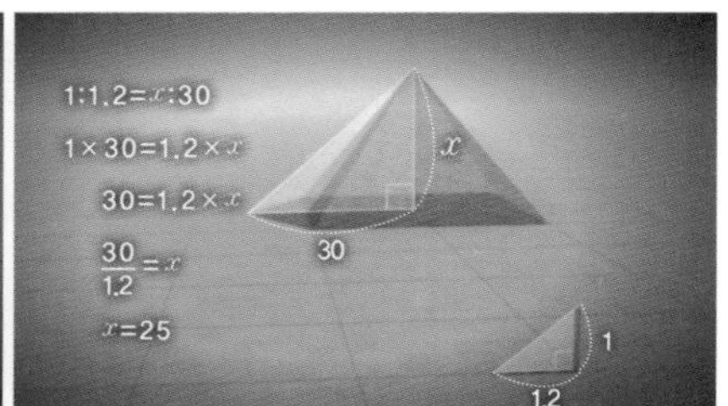

④ 비례식을 풀어서 피라미드 높이를 구한다.

탈레스는 사물의 그림자는 시간의 흐름에 따라 태양의 위치가 달라져 그 길이가 변한다는 사실을 이용했어요. 피라미드 옆에 막대를 수직으로 세운 다음, 막대 그림자 길이와 피라미드 그림자 길이를 측정했어요. 그런 다음 막대 그림자 길이와 피라미드 그림자 길이를 비교해 비례식을 세웠어요. 왜냐하면 각각의 그림자 길이의 비와 실제 길이 비는 그 비율이 같을 것이라고 생각했기 때문이에요.

(막대 길이) : (막대 그림자 길이) = (피라미드 높이) : (피라미드 그림자 길이)

비례식에서 내항의 곱과 외항의 곱이 같다는 성질을 이용하면
'(막대 길이)×(피라미드 그림자의 길이) = (막대 그림자 길이)×(피라미드 높이)'
가 돼요.

탈레스는 바로 이 방정식을 풀어서 피라미드의 높이를 구했어요.

만약 막대의 길이가 1m, 막대 그림자의 길이가 1.2m, 피라미드의 그림자 길이가 30m라고 하면, 구하고자 하는 값인 피라미드 높이 x는 $\frac{(\text{막대 길이})\times(\text{피라미드 그림자 길이})}{(\text{막대 그림자 길이})}$로 구할 수 있어요. 식에 값을 대입하면 피라미드의 높이는 25m가 돼요.

당시 탈레스가 계산한 피라미드 높이는 146.5m로, 오늘날의 실제 측정 결과인 144.6m와 단 2m밖에 차이가 나지 않을 정도로 정확한 수치였어요.

고대 그리스의 탈레스처럼 미지의 x값이 궁금해 식을 세워 보는 것, 방정식은 이 같은 다양한 호기심으로부터 출발한 것이랍니다.

021

디오판토스 묘비에 새겨진 문제

디오판토스는 몇 살까지 살았을까?

미지수를 문자 기호로 바꾸어 문제를 풀었던 최초의 수학자 디오판토스

대수학의 아버지라 불리는 그는
묘비 일화로 더 유명하다.
디오판토스의 묘비에는
자신의 일생을 짐작할 수 있는
재미있는 수수께끼 문제가 새겨져 있다.

1을 이용해 계산한 디오판토스의 일생

방정식하면 빼놓을 수 없는 수학자가 있어요. 바로 대수학의 아버지라고 불리는 고대 그리스 수학자 디오판토스예요. 그의 가장 큰 업적 중 하나는 방정식을 풀기 위해 미지수를 문자 기호로 표현한 거예요.
디오판토스는 자신의 묘비에 자신의 일생을 방정식 문제로 기록한 일화로 잘 알려져 있어요. 이는 그리스인들이 지은 시나 수수께끼를 모은 「그리스 명시선집」에 실려 있어요.

"그는 생애의 $\frac{1}{6}$을 소년으로 보냈고, $\frac{1}{12}$을 청소년으로 보냈다.
다시 생애의 $\frac{1}{7}$이 지나 화촉을 밝히고, 수염을 길렀노라.
그리고 5년 후 아들이 태어났다.
아! 이런 비극이 또 있을까?
아들은 아버지의 $\frac{1}{2}$을 살았노라.
그 뒤로 그는 4년 동안 슬픔에 잠겨 생을 마감했다."

무척 긴 문장으로 자신의 일생을 설명했지만 디오판토스의 일생을 미지수 x라고 하고, 방정식을 세우면 간단하게 해결할 수 있는 문제예요.
옛날에는 지금처럼 x나 y 같은 문자를 사용해서 방정식 세우는 방법을 알지 못했어요. 주로 모르는 값에 수를 하나하나 대입해 문제를 풀었지요. 그 밖에도 여러 가지 방법이 있었는데 디오판토스가 살던 시대에는 미지수 대신 1을 사용해 모르는 값을 구했다고 해요.

자, 그 방법대로 문제를 한번 풀어 볼까요?

디오판토스의 일생을 1이라고 하고, 문제에 나와 있는 소년 시절 $\frac{1}{6}$, 청소년 시절 $\frac{1}{12}$, 결혼하기 전 $\frac{1}{7}$, 아들과 함께한 세월 $\frac{1}{2}$을 모두 더한 다음 수

직선 위에 나타내요. 이것을 모두 더하면 $\frac{25}{28}$가 되고, 나머지 $\frac{3}{28}$은 결혼해서 아들을 낳기 전 5년과 아들이 죽고 난 뒤 생을 마감하기 전 4년으로 채워져요. 디오판토스 일생의 $\frac{3}{28}$이 9년이므로 $\frac{1}{28}$은 3년이 돼요. 따라서 디오판토스가 84년간 살았다는 사실을 알 수 있지요.

■ **디오판토스 묘비의 방정식 문제**

① 디오판토스의 일생을 1이라고 한다.

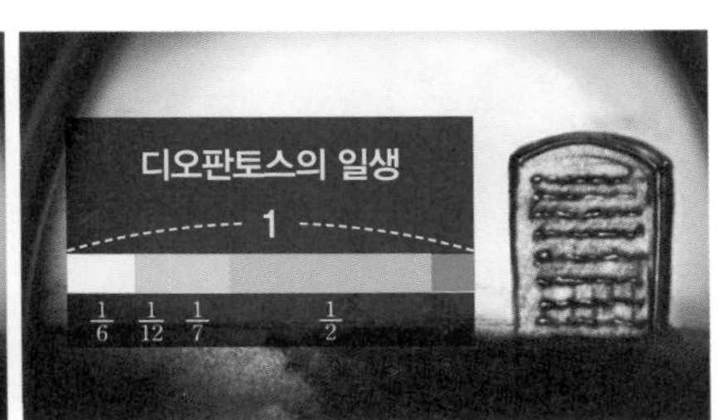

② 문제에 나오는 각 시절을 수직선 위에 나타낸다.

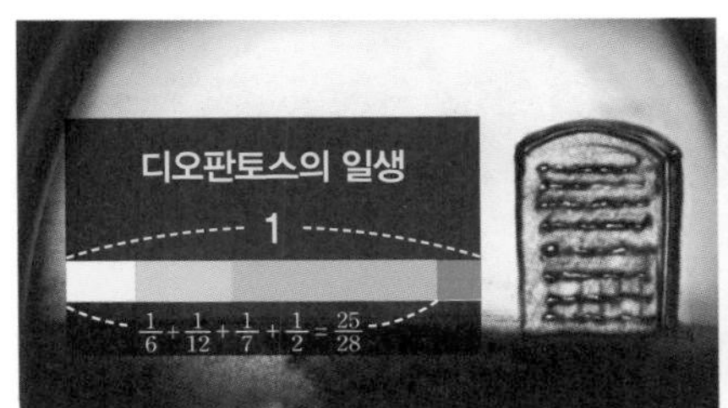

③ 이를 모두 더하면 $\frac{25}{28}$가 된다.

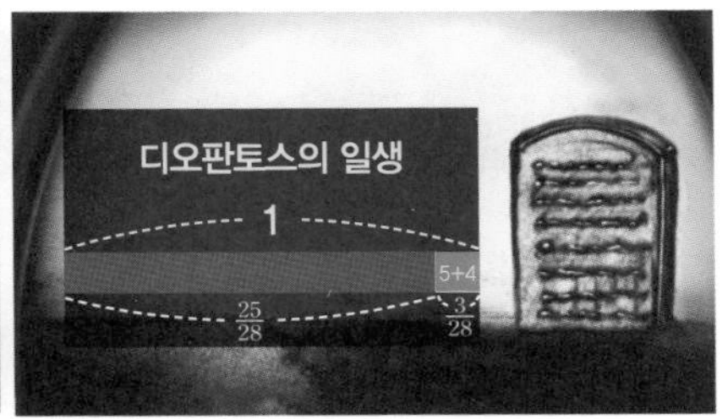

④ 남은 $\frac{3}{28}$은 결혼해서 아들을 낳기 전 5년과 아들이 죽고 난 뒤 생을 마감한 4년으로 9년이다.

⑤ 디오판토스는 84살에 생을 마감했다.

문자와 식을 이용해 더욱 간단하게

이번엔 문자를 이용해 방정식을 세워 풀어 볼게요. 디오판토스의 나이를 x라고 하고, 묘비에 새겨진 디오판토스의 일생을 수식으로 나타내요. 그런 다음 모든 기간을 더하면 디오판토스의 나이인 x와 같다는 식을 세우면 돼요.

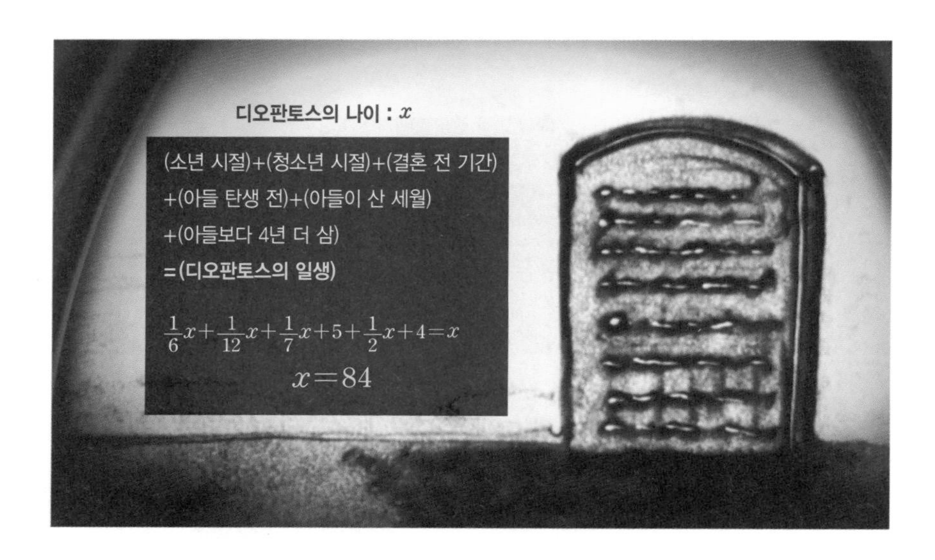

이 방정식을 계산하면 디오판토스가 84살까지 살았다는 것을 알 수 있지요. 사실 디오판토스의 묘비에 관해서는 명확한 자료가 남아 있지 않아서 진짜인지 아닌지 알 수 없어요. 하지만 이런 재밌는 이야기 덕분에 미지수 x를 사용해 식을 세워 보는 것만으로도 방정식과 한층 더 가까워질 수 있답니다.

022

알 콰리즈미와 이항

천칭을 이용해 방정식을 풀다

고대 사람들은 **방정식의 해**를 찾으려면,
x에 식이 참이 되는 값을 하나하나 넣어 확인해야 했다.

9세기 무렵 이슬람 수학자 **알 콰리즈미**는
방정식을 쉽게 풀 새로운 방법을 찾아냈다.

바로 등식이 천칭과 같은 성질을 갖고 있다는 것.

그는 방정식에서 한쪽의 항을 다른 쪽으로 옮기는 방법인
이항법으로 **일차방정식을 쉽게 푸는 방법**을 세상에 알렸다.

참이 되게 하는 값을 찾아라

9세기 무렵 페르시아에서는 방정식을 풀려면 상당히 오랜 시간을 들여야 했어요. 당시에는 방정식을 풀기 위해서는 식을 만족하는 어떤 수를 예상하여 하나하나 대입해 봐야 했거든요. 그래서 시간도 오래 걸리고 계산 과정 또한 복잡했지요. 당시 최고의 수학자로 명성을 떨친 이슬람 수학자 알 콰리즈미는 이런 방정식 풀이법이 답답했어요. 오랜 고민 끝에 오늘날 접시저울이라 불리는 천칭에서 새로운 방정식 풀이를 떠올렸어요.

천칭에서 발견한 등식의 성질

접시 양쪽에 같은 무게의 추가 올라가면 천칭은 항상 수평을 이뤄요. 예를 들어 천칭 위에 같은 무게의 피자를 올려놓고 같은 양의 케첩을 더해도 천칭은 수평을 이뤄요. 무게가 변하지 않았기 때문이지요. 같은 양의 피자 조각을 빼거나, 같은 양만큼 곱하거나, 같은 양을 나눠도 천칭은 수평을 유지해요. 이 같은 성질은 등식에도 똑같이 적용돼요. 양변에 같은 수를 더하거나, 빼거나, 곱하거나, 나누어도 등식은 성립해요.

▣ 등식의 성질

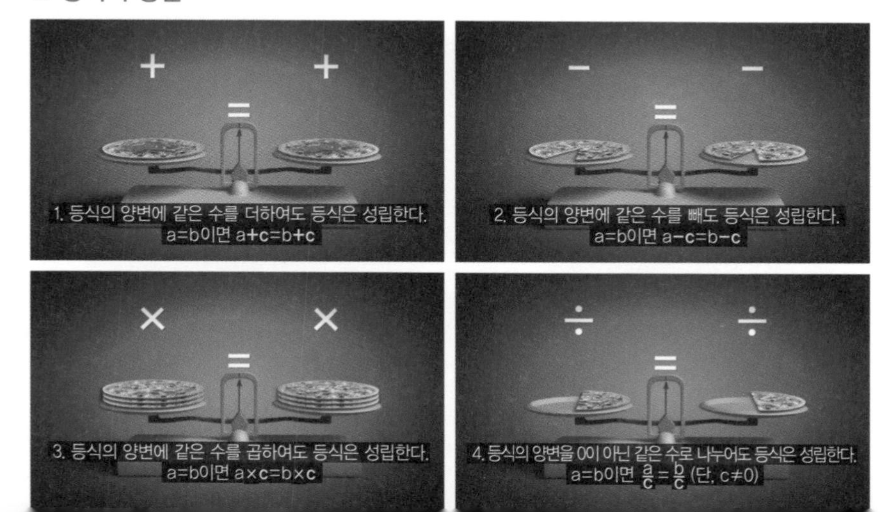

등식의 성질을 이용해 방정식 풀기

등식의 성질을 이용해 $x=40-4x$라는 문제를 함께 풀어 볼까요? 머릿속에 천칭을 떠올리면 더 쉽게 이해할 수 있어요.

왼쪽 접시에는 x 무게의 추가, 오른쪽 접시에는 40과 $-4x$ 무게의 추가 올라가 있어요. 이때 양쪽 저울에 모두 $4x$ 무게의 추를 더하면 왼쪽 저울은 $5x$, 오른쪽 저울은 40이 돼요. 이제 왼쪽 저울에 x만 남도록 양쪽 저울을 모두 5로 나누어 볼게요. 그럼 왼쪽 저울은 x, 오른쪽 저울은 8이 되지요. 이렇게 등식의 성질을 이용해서 x가 8이라는 걸 알 수 있어요.

▣ **등식의 성질을 이용한 방정식 풀이**

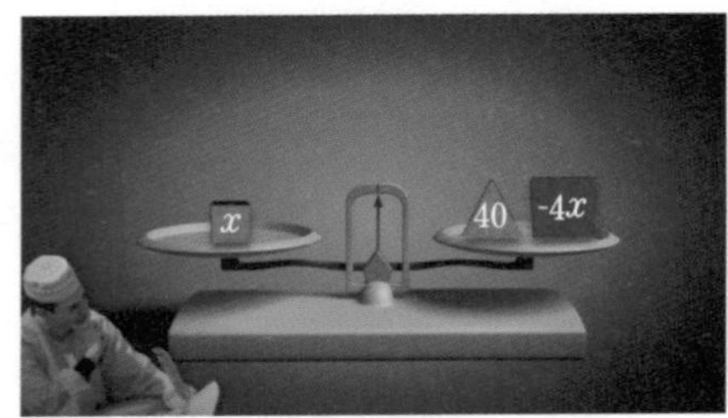

① 왼쪽에는 x, 오른쪽에는 40과 $-4x$ 무게의 추가 올려 있다.

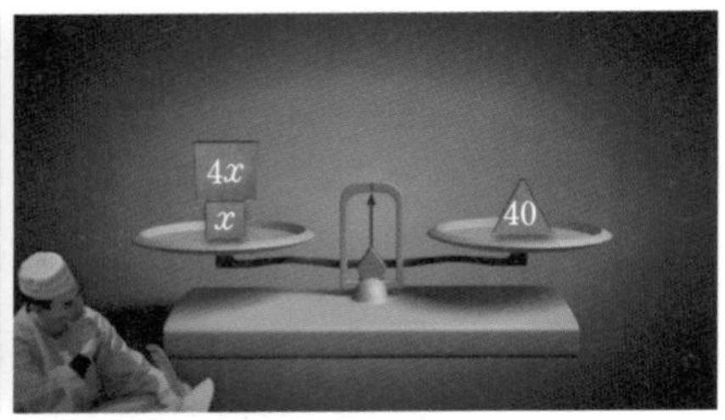

② 양쪽에 $4x$의 무게 추를 올린다.

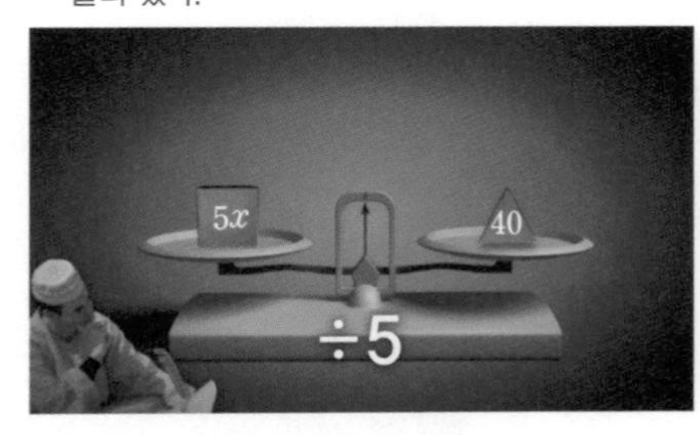

③ 왼쪽에 x만 남도록 접시 양쪽을 5로 나눈다.

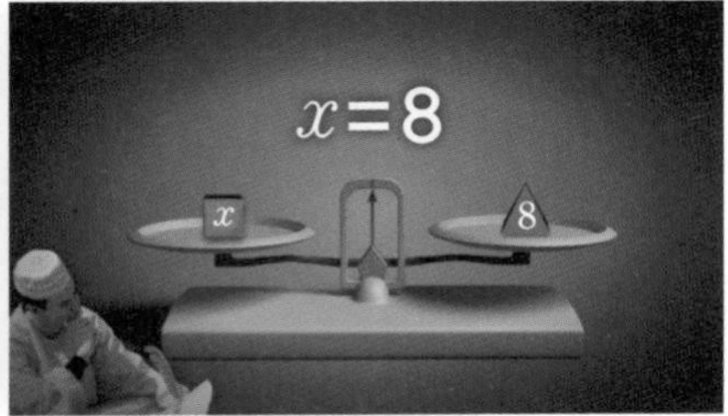

④ x의 값이 8임을 알 수 있다.

이항법을 정의한 알 콰리즈미

알 콰리즈미는 자신이 쓴 「복원과 대비」라는 책에서 이항(al-jabr)과 동류항 정리(al-muquabala)를 정의했어요.

'이항'은 항을 옮길 때 좌변에서 우변으로 또는 우변에서 좌변으로 항의 부호가 바뀌는 것을 말하고, '동류항 정리'는 문자와 차수가 같은 항을 정리하는 것을 뜻해요. 이항은 당시에 굉장히 획기적인 방법이었어요.

이항을 이용하면 일차방정식의 해를 쉽게 찾을 수 있어요. 우선 방정식을 풀기에 앞서 동류항끼리 모아서 정리합니다. 그런 다음 이항으로 미지수가 있는 항은 좌변으로, 상수항은 우변으로 옮겨 놓아요. 그런 다음 식을 $ax=b$ 꼴로 정리해요. 마지막으로 양변을 x의 계수인 a로 나누면, 어떤 수인 x값을 간단하게 구할 수 있어요.

이처럼 알 콰리즈미는 일차방정식을 푸는 획기적인 해법을 개발했고, 그 뒤로 계속해서 방정식에 대한 연구를 이어갔어요. 알 콰리즈미 덕분에 우리는 아무리 복잡한 일차방정식이라도 빠른 시간 안에 해를 구할 수 있게 되었답니다.

023

알 콰리즈미의 끝없는 도전

완전제곱식으로 이차방정식 풀기

이슬람-아라비아 학문의 최전성기
가장 뛰어난 수학자 중 한 명으로 꼽히는
알 콰리즈미.

그가 쓴 산술책은 인도식으로 숫자 적는 법을
아라비아와 유럽에 전파하는 데 큰 역할을 했다.

알 콰리즈미의 산술책에는 일차방정식의 풀이법과
이차방정식의 풀이법이 모두 기록돼 있다.

일차방정식 풀이는 이항에 관한 것이고, 이차방정식은 완전제곱식을 이용한 것이다.

완전제곱식으로 이차방정식 풀기

이슬람 수학자 알 콰리즈미가 쓴 산술책은 인도식으로 숫자를 적는 법을 아라비아와 유럽에 전파하는 데 큰 역할을 했어요.
그가 쓴 「대수학」이라는 책에는 다음과 같은 이차방정식 문제가 실려 있어요.

알 콰리즈미
780~850
이슬람 수학자, 천문학자

"어떤 근의 제곱에 10개의 근을 더했을 때 그 합이 39가 된다면 그 근은 얼마인가?"

알 콰리즈미는 다음과 같이 사각형 그림을 그려 이 문제를 풀었어요.

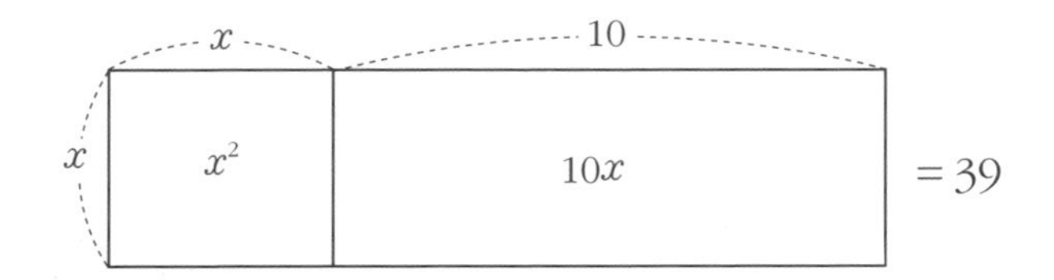

어떤 근을 x라고 하면, '어떤 근의 제곱(x^2)'은 한 변의 길이가 x인 정사각형이 돼요. 여기에 더해진 '10개의 근'은 세로 길이가 x, 가로 길이가 10인 직사각형이라고 생각할 수 있어요. 다시 말해 정사각형의 넓이와 직사각형의 넓이의 합이 39가 되는 x를 찾는 문제예요. 이것을 방정식으로 나타내면 $x^2+10x=39$가 돼요.
이차방정식을 푸는 여러 방법 중 알 콰리즈미는 완전제곱식을 이용해 문제를 풀었어요. 완전제곱식은 제곱으로 표현된 식으로 다항식의 제곱이나 다항식의 제곱에 상수를 곱한 식을 말해요.

즉 $x^2+10x=39$를 완전제곱식으로 만들려면, 이 식으로 정사각형을 그릴 수 있어야 해요.

좌변 x^2+10x를 $x^2+5x+5x$로 만든 다음 각 사각형을 모아 정사각형을 만들려면 넓이가 25인 정사각형이 더 필요해요. 한 변의 길이가 5인 정사각형을 추가로 그려(분홍색 정사각형), 처음 $x^2+10x=39$의 양변에 25를 더 해줘요.

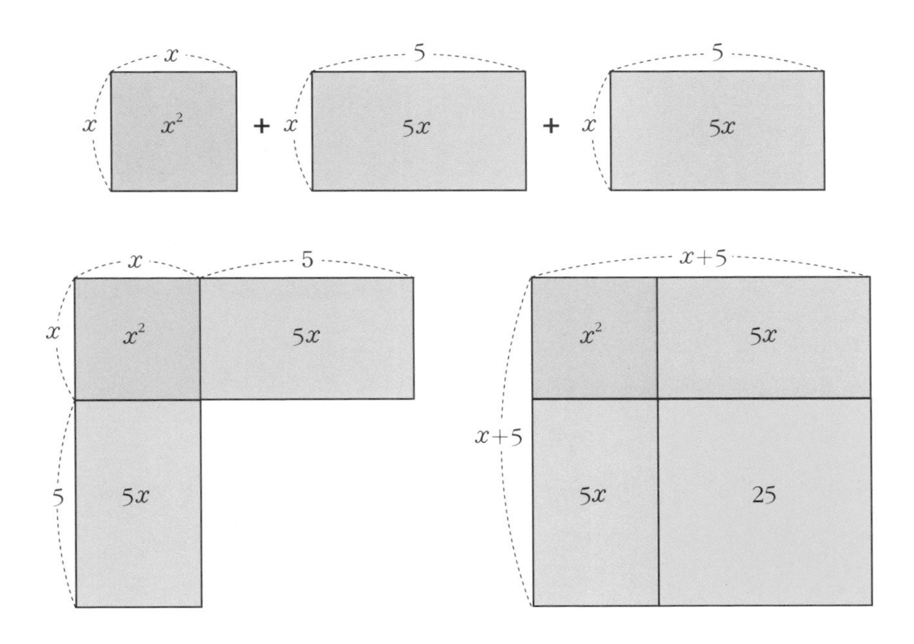

식을 정리하면, 한 변의 길이가 $x+5$이면서, 넓이가 64인 정사각형이 되는 x를 찾으면 돼요. 이것을 식으로 나타내면 $(x+5)^2=64$가 돼요. 64는 8과 -8의 제곱이지만, 이 문제를 풀 당시에는 음수의 개념이 없어서 알 콰리즈미는 $x+5=8$을 계산하여 $x=3$만 이 방정식의 해라고 말했어요. 음수가 정의되기 전이기 때문에 -8을 제곱하면 64가 되는지 전혀 몰랐던 것이죠.

아름다운 시에 담긴 이차방정식 문제

인도의 수학자 바스카라가 쓴 「릴라바티」에는 이차방정식 문제가 담긴 특별한 시가 나와요.

"원숭이 무리가 둘로 나뉘어
매우 재미있게 놀면서
큰 소동이 벌어졌네.
무리의 $\frac{1}{4}$의 제곱은 숲속을 날뛰며
돌아다닌다네.
남은 원숭이 3마리
산들바람이 불 때마다
캬캬 소리로 서로 외친다네.
거참,
원숭이는 숲에 모두 몇 마리 있는 건지…."

원숭이 전체의 수를 x라고 하고 방정식을 세워 보면, $\left(\frac{x}{4}\right)^2+3=x$로 나타낼 수 있어요. 이를 계산하면 $\frac{x^2}{16}+3=x$에서 양변에 16을 곱하면, 식은 $x^2+48=16x$가 돼요.

이 식을 완전제곱식으로 만들어 해를 구하기 위해 x항은 왼쪽으로, 상수항은 오른쪽으로 이항하면, $x^2-16x=-48$이 돼요.

이제 앞서 본 것과 같이 알 콰리즈미의 방법대로 완전제곱식을 만들어 풀어 봅시다.

x^2은 한 변의 길이가 x인 정사각형이 돼요. 여기서 '$-16x$'는 세로 길이가 x이고, 가로 길이가 -16인 직사각형이라고 생각할 수 있어요.

$-16x$를 $-8x$ 두 개로 나누고, 넓이가 x^2, $-8x$, $-8x$인 세 사각형으로 큰 정사각형을 만들려면 넓이가 64인 정사각형이 필요해요.

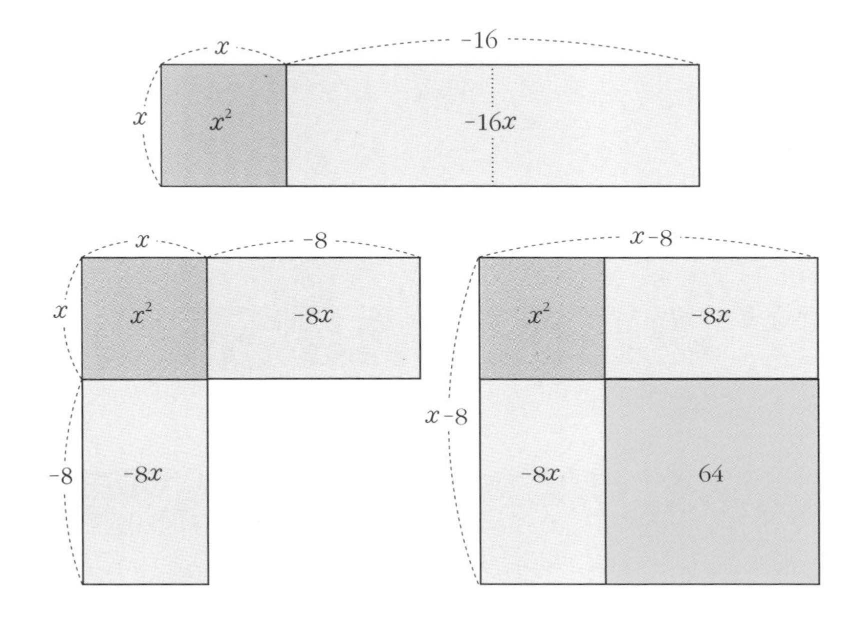

$x^2-16x=-48$의 64를 양변에 더하면, $x^2-16x+64=-48+64$가 돼요. 그러면 한 변의 길이가 $x-8$인 정사각형의 넓이를 구하는 완전제곱식은 $(x-8)^2=16$으로 나타낼 수 있어요. 알 콰리즈미처럼 양수인 해만 생각하고 이를 풀면, $x-8=4$이므로 x는 12가 돼요. 즉 숲에 사는 원숭이는 모두 12마리예요.

음수 개념이 제대로 자리 잡히기 전까지 사람들은 음수는 이차방정식 해로 인정하지 않았어요. 물론 오늘날의 방법으로 이차방정식을 풀면, $x-8=\pm 4$가 되고, 따라서 이 방정식의 해는 4 또는 12라는 걸 알 수 있어요. 이차방정식의 해를 구한 다음 정답을 적을 땐 꼭 '$x=4$ 또는 $x=12$'라고 적어야 한다는 점, 잊지 마세요.

024

/

조선 시대 대표 산술서 「구일집」

조선 시대 방정식을 푸는 방법

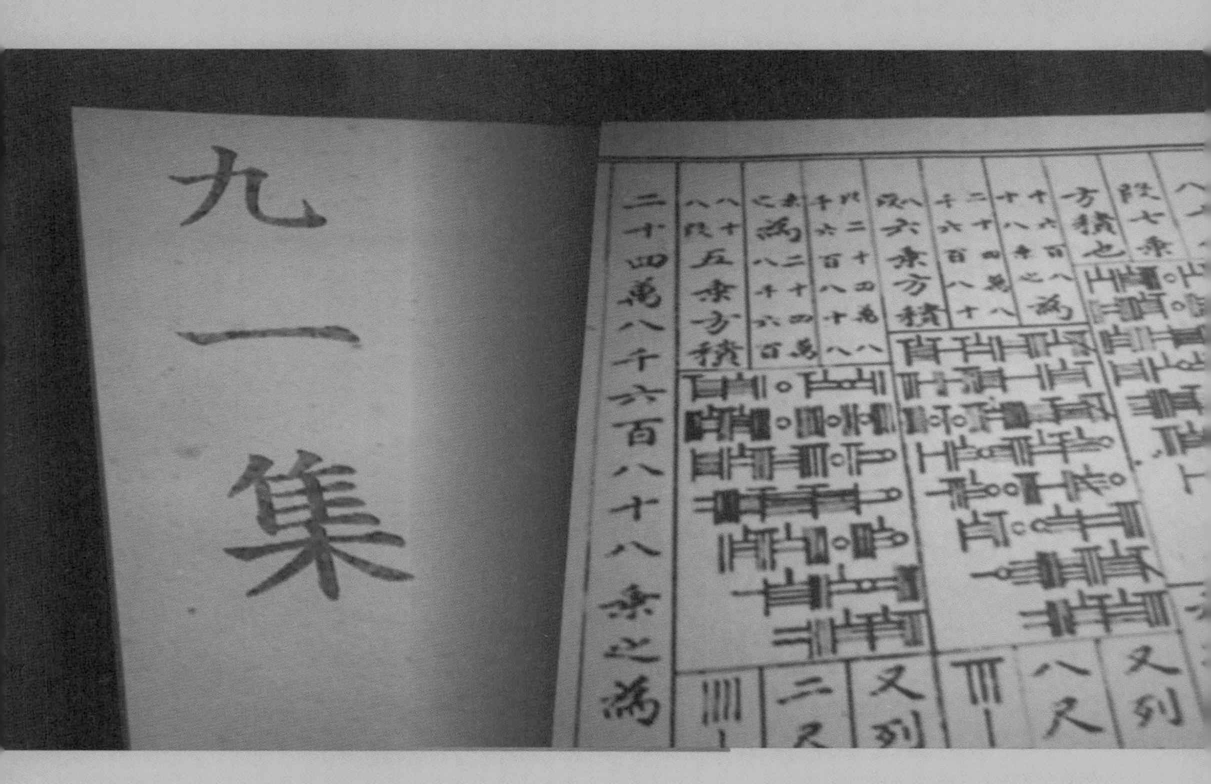

피타고라스, 유클리드, 에라토스테네스…
서양에는 이름만 들어도 누구나 알 수 있는
위대한 수학자들이 많다.

우리나라에도 실용 학문인 산학(수학)을 공부했던
조선 시대의 수학자 홍정하가 있었다.
그는 아무리 어려운 문제도 산가지를 사용하거나
암산으로 척척 풀어냈다.

조선을 무시하던 중국 사신도 그의 수학 실력을 인정하고
존경하게 됐다는 유명한 일화도 전해진다.
그의 존재만으로 조선 시대 수학의 우수성이 증명된 셈이다.

홍정하가 쓴 「구일집」은
조선 시대를 대표하는 수학책이다.

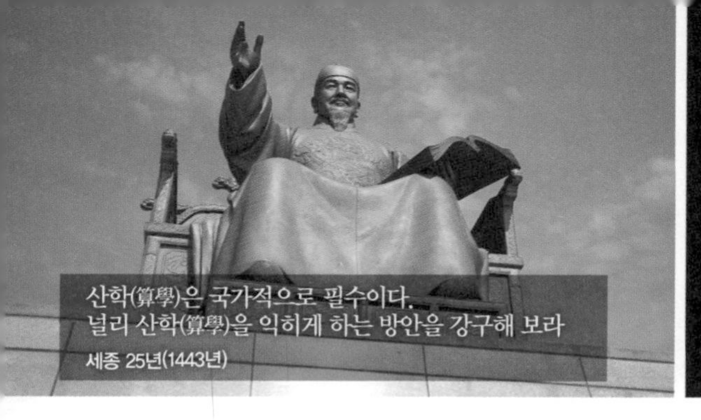
산학(算學)은 국가적으로 필수이다.
널리 산학(算學)을 익히게 하는 방안을 강구해 보라
세종 25년(1443년)

조선 시대 산학서(수학책)

셈을 연구하는 학문, 산학(算學)

조선 시대 왕 세종은 '산학'이라는 학문에 관심이 많았어요. 산학은 수나 셈에 대해 연구하는 학문으로 오늘날의 수학과 비슷해요. 세종은 '산학은 국가적으로 필수이다. 널리 산학을 익히게 하는 방안을 강구해 보라'는 어명을 내릴 정도로 산학을 중요하게 생각했어요. 특히 세종 때 별자리를 중요하게 여기면서 천문학의 기초가 되는 산학이 더욱 발전하게 됐어요. 조선 시대를 대표하는 산학서가 대부분 이때부터 쓰여졌어요.

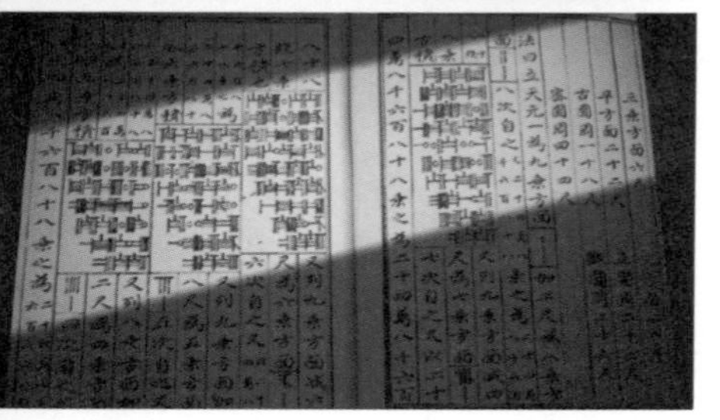
▲ 홍정하의 「구일집」에는 실용 수학에 관한 내용이 기록돼 있다.

지금으로부터 300여 년 전 조선 시대 19대왕 숙종 시절에 방정식을 풀고, 셈을 하던 수학자가 있었어요. 바로 조선 시대 대표 수학자 홍정하예요. 그는 대대로 산학을 연구해 온 집안에서 태어나 어린 시절부터 자연스럽게 산학을 배웠어요.

조선 시대에는 수학자가 되려면 산학 시험을 치르고 자격을 얻어야 했어요. 당당히 산학 시험에 합격한 홍정하는 백성들의 복잡한 세금을 계산하고, 토지에서 나온 곡식의 양을 계산하는 방법과 같은 국가 행정과 일상생활에 꼭 필요한 실용 수학을 연구했어요. 홍정하는 이를 모아 「구일집」이라는 책을 냈답니다. 그런데 놀랍게도 산술서인 「구일집」에는 어디에도 숫자를 찾을 수 없어요. 도대체 숫자 없이 어떻게 셈을 한 것일까요?

조선 시대 계산기, 산가지

산가지
셈을 하는 데 이용한 계산 도구

조선 시대 계산기 역할을 했던 것이 바로 나뭇가지로 만든 계산 도구, 산가지예요. 산대 또는 산목이라고도 불러요. 우리나라에는 삼국 시대에 중국에서 들어와 지배 계층에서 사용하다가 점차 평민들까지 사용하게 됐어요. 이 산가지만 있으면 간단한 연산 문제는 척척 풀 수 있어요. 산가지는 나무 막대를 세로 또는 가로로 놓아 숫자를 표현해요.

예를 들어 1부터 10까지, 10부터 100까지는 다음 그림과 같이 나타내요.

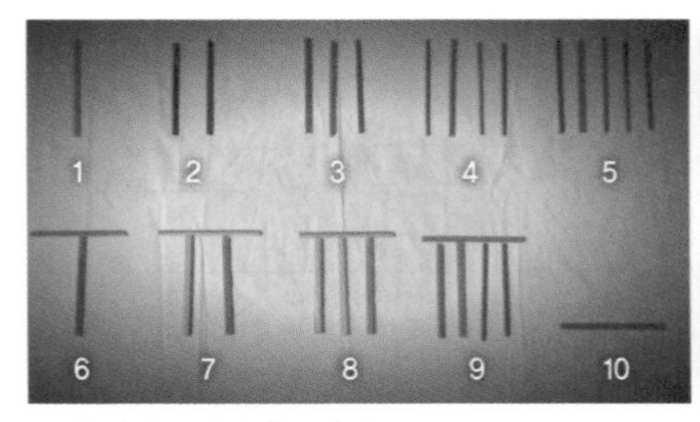

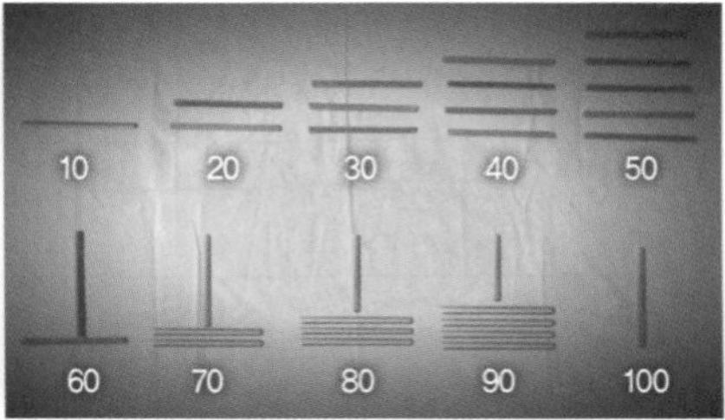

▲ 산가지로 나타내는 숫자

그럼 산가지를 이용해 47+28를 계산해 볼까요?

▣ **산가지 계산법**

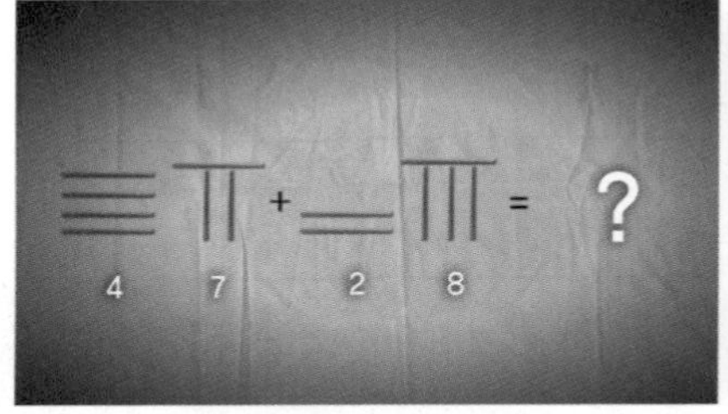

① 47+28=?

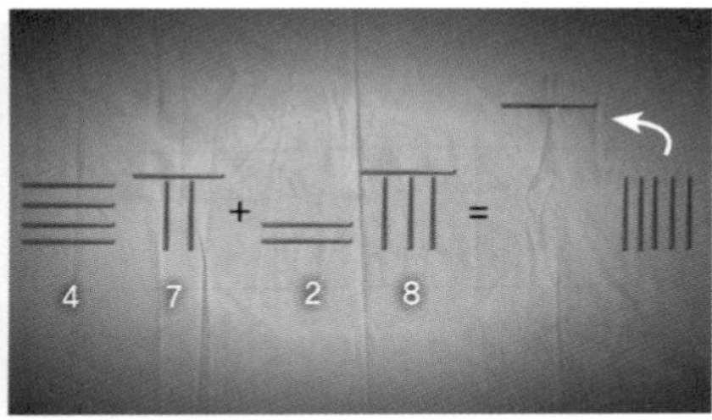

② 일의 자리 숫자를 더한 뒤, 10이 넘으면 산가지하나를 십의 자리로 옮긴다.

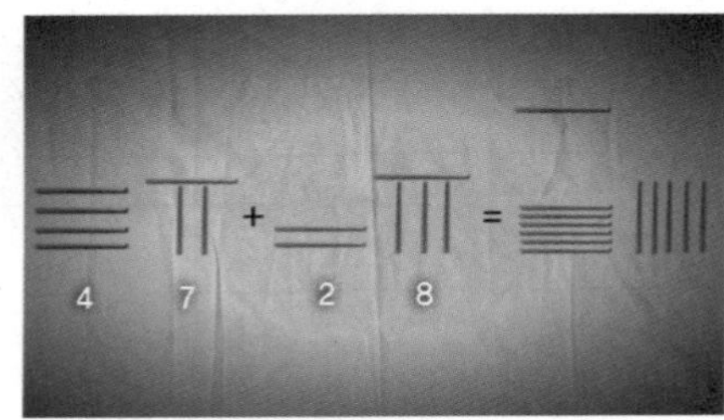

③ 십의 자리의 합과 일의 자리에서 넘어온 수까지 더한다.

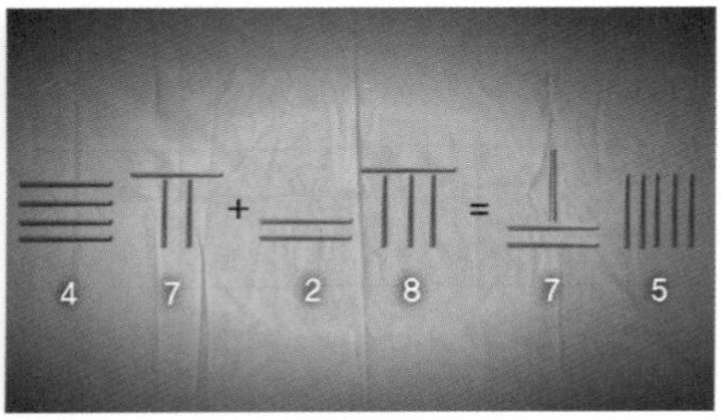

④ 십의 자리의 합이 50이 넘으면, 50은 세로로 표시하고, 나머지는 세워서 세로 막대 아래 놓는다.

「구일집」의 방정식 문제

홍정하가 쓴 「구일집」에 나오는 연립방정식 문제를 산가지로 풀어 볼게요.

"한 농부가 말 1마리와 소 1마리를 사려고 한다.

이때 말 1마리와 소 2마리를 살 때는 92냥, 말 2마리와 소 1마리를 살 때는 100냥이다.

그럼 말 1마리와 소 1마리의 가격은 각각 몇 냥일까?"

▣ 산가지로 연립방정식 풀기

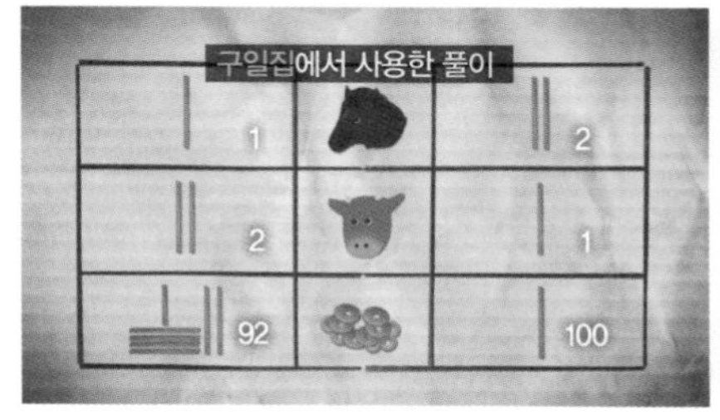

① 말 1마리와 소 2마리의 가격은 92냥, 말 2마리와 소 1마리 가격은 100냥이다

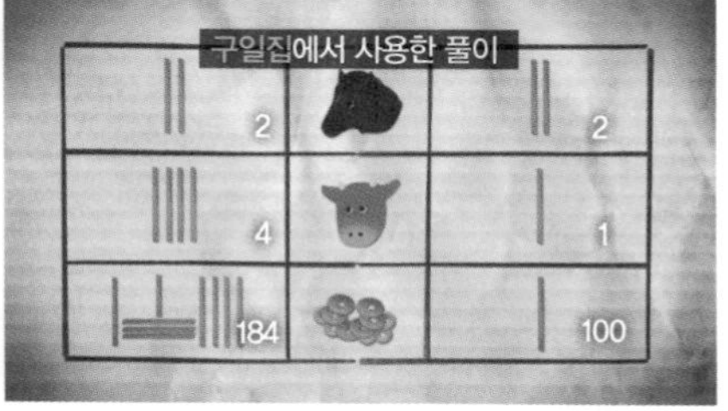

② 왼쪽 세로줄 값에 모두 2를 곱하면, 말 2마리와 소 4마리의 가격은 184냥이 된다.

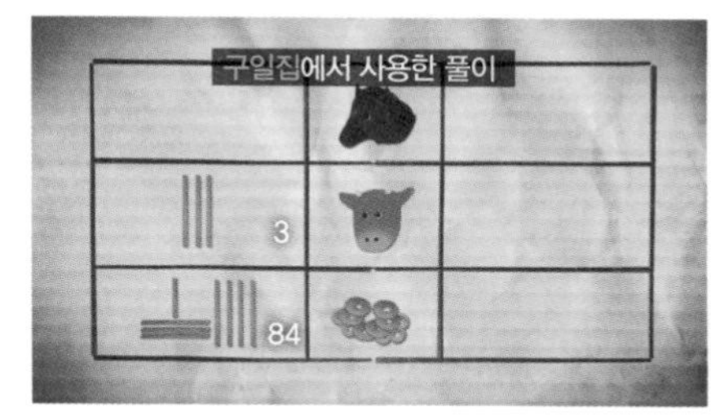

③ 왼쪽 세로줄 값에서 오른쪽 세로줄 값을 빼면 말은 0마리가 되고, 소 3마리 가격은 84냥이 된다.

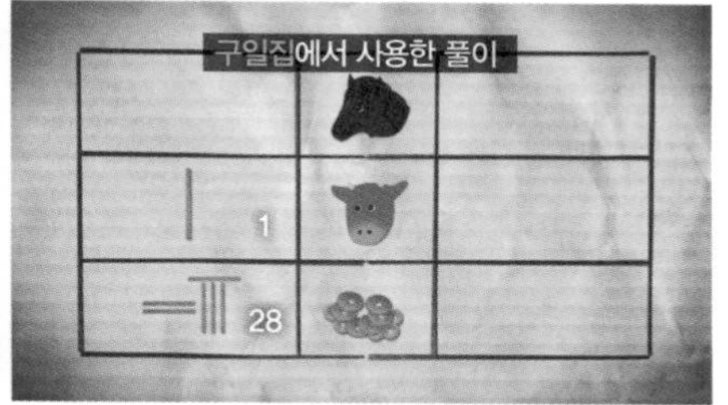

④ 여기서 84를 3으로 나누면, 소 1마리 가격이 28냥이 되는 것을 알 수 있다.

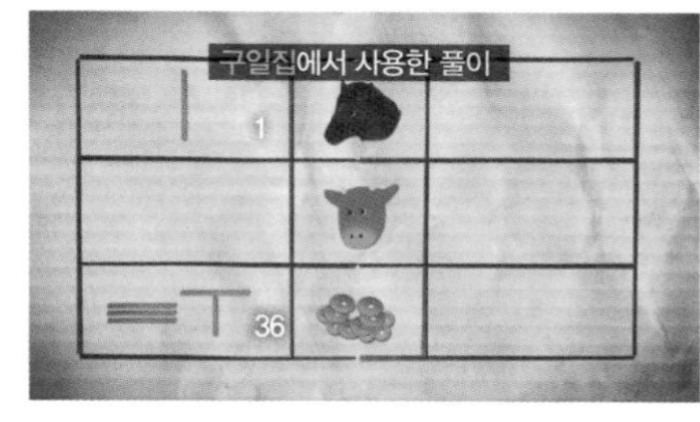

⑤ 처음 식에 소 1마리 가격인 28냥을 대입하면, 말 1마리 가격도 구할 수 있다.

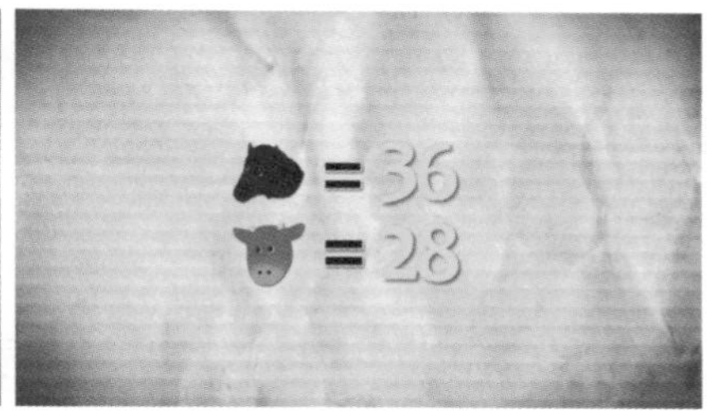

⑥ 말 1마리는 36냥, 소 1마리는 28냥이 된다.

조선 수학의 우수성을 드러낸 홍정하

홍정하와 관련된 조선 시대 수학의 우수성이 드러나는 재미난 일화가 전해져 내려오고 있어요. 어느 날 사신으로 파견된 청나라의 수학자 하국주가 홍정하를 찾아왔어요. 하국주는 평소에도 간단한 수학 문제를 사람들과 주고받으며 푸는 취미가 있었어요. 하국주는 홍정하에게 자신의 취미를 소개하며 승부를 제안했어요. 산학에 대한 자부심이 대단했던 하국주는 홍정하를 무시했어요. 당연히 맞추지 못할 거라 생각하고 문제를 냈어요.

"360명이 한 사람마다 은 1냥 8전을 낸 합계는 얼마나 되겠소? 그리고 은 351냥이 있소. 한 섬의 값이 1냥 5전 한다면, 모두 몇 섬을 구입할 수 있겠소?"

어릴 때부터 수학 문제를 풀며 실력을 갈고닦은 홍정하는 첫 번째 문제는 곱셈(360×1.8=648), 두 번째 문제는 나눗셈(351÷1.5=234)에 대한 것임을 알아차리고 단숨에 정답을 말했어요. 당황한 하국주는 이것도 풀어 보라며 조금 어려운 문제를 내요.

"제곱한 넓이가 225평방자일 때 한 변의 길이는 얼마요?"

이번에도 홍정하는 거듭제곱에 관한 문제($x^2=225$, $x=15$)라는 것을 알아차리고 정답을 맞췄어요. 홍정하가 잇따라 문제를 맞추자 자존심이 상한 하국주는 이번엔 자기에게 문제를 내 보라고 했어요.

이에 홍정하는 단순한 계산 문제가 아닌 방정식 문제를 냈어요.

> *"이 옥돌을 깎아서 정육면체를 만들면 그 한 모서리의 길이가 얼마쯤 되겠소?"*

하국주는 잠시 망설이다가 방정식 문제는 어려운 것이니 내일 반드시 답을 주겠다며 돌아갔어요. 하지만 그 다음 날에도 답을 내놓지 못했답니다.
이 사건을 계기로 홍정하와 하국주는 수학을 연구하는 학자로 친밀한 관계를 맺었다고 해요. 하국주는 조선 수학의 우수성을 높게 평가하며 산가지도 얻어 갔지요. 우리나라에도 이렇게 훌륭한 수학자가 있었다는 사실을 꼭 기억하세요.

025

/

공룡과 가야 소녀 복원의 비밀

발자국과 몸의 길이, 뼈와 키에 대한 관계식

약 1억만 년 전 중생대 백악기에
한반도를 누비던
가장 매서운 공룡 타르보사우르스 복원

약 1500년 전에 살았던
가야 소녀의 복원

어떻게 공룡의 발자국과 사람의 뼈 조각만으로 중생대의 공룡과 1500년 전의 소녀의 모습을 복원할 수 있는 걸까?

그 비밀은 바로 수학의 식에 있다.

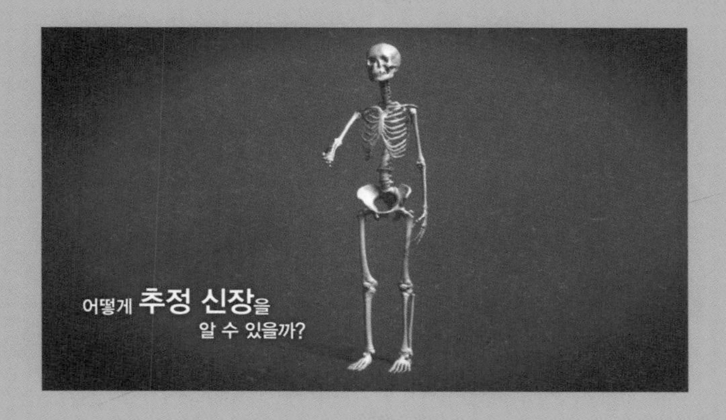

고성 공룡 박물관

발자국으로 알아낸 공룡의 몸 길이

우리나라 경상남도 고성은 세계 3대 공룡 발자국 화석지 중 한 곳이에요. 고성에서는 무려 10000여 개의 공룡 발자국 화석이 발견되었어요. 고성 공룡 박물관에는 그 명성답게 한반도에 살았던 공룡을 실제 크기로 복원해 놓았어요. 어떻게 한 번도 본 적 없는 공룡을 복원할 수 있는 것일까요?

공룡의 걸음걸이는 물론 몸 길이까지 알아내는 데 가장 중요한 단서는 바로 공룡의 발자국 화석이에요.

고생물학자들은 눈으로 관찰할 수 있는 정보를 바탕으로 간단한 식을 세워 공룡의 크기를 계산해요. 예를 들어 발자국 화석을 관찰하면 공룡 발바닥 모양과 발가락 개수를 알 수 있어요. 이러한 정보를 바탕으로 학자들은 발로 지탱할 수 있는 몸무게나 걷는 속도, 골반 높이와 같은 새로운 정보를 얻어 내는 거예요.

공룡학자 엘렌베르거는 공룡 발자국 길이와 공룡 크기 사이에서 일정한 규칙을 오랫동안 연구해 왔어요. 1970년 경 엘렌베르거는 타르보사우르스의 몸 길이가 발자국 길이의 몇 배가 되는지를 밝혀냈어요.

당시에 발견된 타르보사우르스의 발자국 화석에서 발 길이를 재고, 기존에 알려진 타르보사우르스의 정보를 이용해 간단한 방정식을 세운 거예요.

예를 들어 몸 길이가 발 길이의 약 18배라면, (타르보사우르스의 몸 길이) =(발 길이)×18이라고 나타낼 수 있어요.

둘 사이의 관계를 식으로 나타낼 수 있다는 건, 타르보사우르스의 발자국 화석만 있으면 그 몸 길이를 예측할 수 있는 것이죠. 즉 발 길이가 67cm인 타르보사우르스의 몸 길이는 67×18=1206(cm), 약 12m임을 알 수 있어요.

공룡은 얼마나 빠를까?

몸무게가 무려 5~6톤에 달했다는 타르보사우르스는 과연 얼마나 빨리 달릴 수 있을까요? 타르보사우르스의 예상 속도는 초속 5m예요. 이 속도는 100m를 15초에 달리는 사람보다 약간 느린 정도지요.

영국의 동물학자 로버트 맥닐 알렉산더 박사는 공룡의 속도를 계산하기 위해 여러 동물의 움직임을 관찰했어요. 코끼리같이 공룡과 비슷한 몸매를 가진 동물들과 공룡처럼 두 발로 걷는 동물의 달리기 속도를 분석했지요.

그 결과 공룡의 속도는 보폭과 다리 길이에 따라 결정된다는 사실을 알아냈어요. 알렉산더 박사는 네 발로 걷는 동물과 두 발로 걷는 공룡을 구분해 공룡의 속도를 계산할 수 있는 다음과 같은 식을 만들었어요.

달리는 속도(m/sec)$=0.25\times9.8^{0.5}\times$(공룡의 보폭)$^{1.67}\times$(공룡의 다리 길이)$^{-1.17}$

이 식을 이용하면 보폭이 8m, 다리 길이가 4m인 타르보사우르스의 속도가 약 초속 5m라는 사실을 알 수 있어요.

뼈 길이로 알아낸 1500년 전 가야 소녀의 키

발굴 당시 고분 내부

발자국 화석으로 공룡의 크기를 가늠할 수 있는 것처럼, 사람의 뼈 길이를 알면 그 사람의 키를 예측할 수 있어요.

지난 2007년 세상을 떠들썩하게 한 사건이 발생했어요. 무려 1500년 전 가야 시대의 유물이 여러 개 발견된 것입니다. 발견 장소인 경상남도 창녕 송현동은 가야 시대의 커다란 고분이 많이 남아 있는 곳이에요. 고분 안에서는 유물과 함께 남녀 두 쌍, 총 네 구의 가야인의 유골이 발견됐어요. 유골의 대부분이 자연스럽게 누운 모습이었고, 뼈는 상처 없이 깨끗했어요. 깨끗하게 발견된 유골은 훼손된 것보다는 훨씬 더 많은 정보를 얻을 수 있어요.

전문가들은 온전하게 발굴된 유골 중 하나에 집중했어요. 유골의 뼈를 관찰해 보니 사랑니는 절반 정도만 난 상태였고 성장판도 닫히기 전이었어요. 또 출토 당시 매장 자세를 보았을 때 유골의 전체 길이는 약 135cm 정도였어요. 전문가들은 이 유골을 만 17세를 넘지 않은 소녀로 추정했어요.

뼈 길이를 모두 재고, 해부학적으로 뼈를 맞춰 본 결과 이 가야 소녀의 예상 키는 152cm에서 159.6cm 사이였어요.

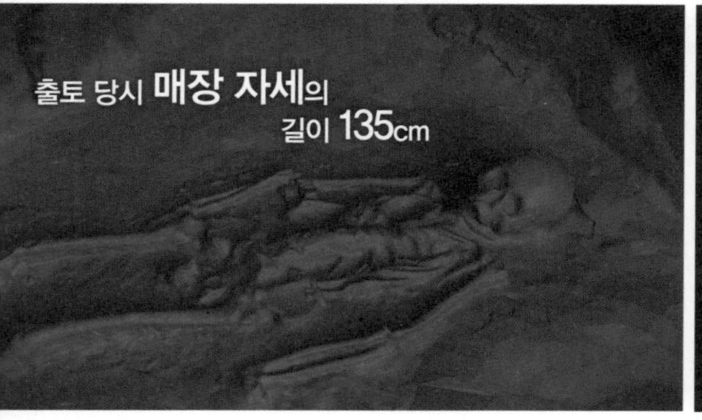

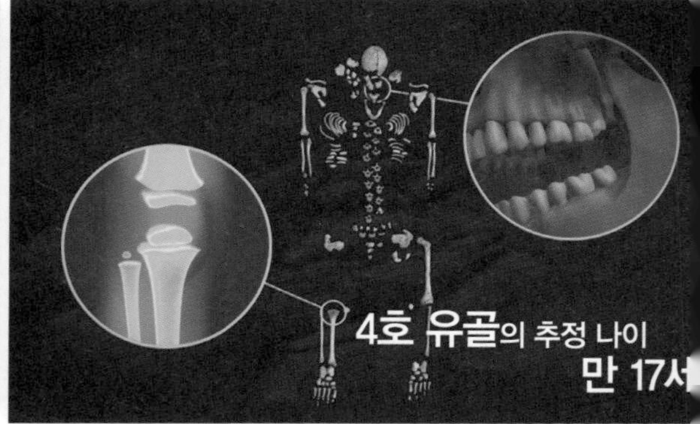

어떻게 1500년 전 살았던 소녀의 키를 예측할 수 있을까요?

뼈 길이와 키 사이의 관계식

미국의 인류학자 밀드레드 트로터 박사는 여러 뼈 길이와 키 사이에 특별한 관계식 성립한다는 사실을 처음 알아냈어요. 제2차 세계대전과 한국전쟁에서 목숨을 잃은 군인들의 신분을 찾아내려고 수많은 유골을 연구한 덕분이었죠.

트로터 박사는 사람의 뼈 중에서 특히 팔다리뼈나 허벅지뼈, 정강이뼈의 길이를 알면 수학적으로 사람의 키를 산출할 수 있음을 알아냈어요. 물론 나이나 성별에 따라 서로 다른 관계식이 세워지므로, 조건에 따라 여러 개의 관계식을 만들었지요. 가야 소녀의 키 역시 트로터 박사가 만든 공식으로 추정한 결과예요.

긴 뼈(Long bones)를 이용한 신장 추정 공식

백인 남성	흑인 남성
3.08×위팔뼈 +70.45 ±4.05	3.26×위팔뼈 +62.10 ±4.43
3.78×노뼈 +79.01 ±4.32	3.42×노뼈 +81.56 ±4.30
3.70×자뼈 +74.05 ±4.32	3.26×자뼈 +79.29 ±4.42
2.38×넙다리뼈 +70.45 ±3.27	2.11×넙다리뼈 +70.35 ±3.94
2.68×종아리뼈 +70.45 ±3.29	2.19×종아리뼈 +85.65 ±4.08

백인 여성	흑인 여성
3.36×위팔뼈 +57.97 ±4.45	3.08×위팔뼈 +64.67 ±4.25
4.74×노뼈 +54.93 ±4.24	2.75×노뼈 +94.51 ±5.05
4.27×자뼈 +74.05 ±4.32	3.31×자뼈 +75.38 ±4.83
2.47×넙다리뼈 +54.10 ±3.72	2.28×넙다리뼈 +59.76 ±3.41
2.93×종아리뼈 +59.61 ±3.57	2.49×종아리뼈 +70.90 ±3.80

동아시아 남성	멕시코 남성
2.68×위팔뼈 +83.19 ±4.25	2.92×위팔뼈 +73.94 ±4.24
3.54×노뼈 +82 ±4.60	3.55×노뼈 +80.71 ±4.04
3.48×자뼈 +77.45 ±4.66	3.56×자뼈 +74.56 ±4.05
2.15×넙다리뼈 +72.57 ±3.80	2.44×넙다리뼈 +58.67 ±2.99
2.40×종아리뼈 +80.56 ±3.24	2.50×종아리뼈 +75.44 ±3.52

(1970년, 단위: cm)

▲ 인류학자 밀드레드 트로터 박사의 긴 뼈를 이용한 신장 추정 공식

가야 소녀의 키는 무릎 위 넙다리뼈(대퇴골) 길이로 계산했어요. 넙다리뼈와 키 사이의 관계식은 '2.15×(넙다리뼈 길이)+72.57'이고, 가야 소녀의 넙다리뼈 길이는 38.7cm이므로 키는 약 155.775cm, 여기에 오차범위 ±3.8cm를 계산하면 가야 소녀의 키는 152cm에서 159.6cm 사이인 것으로 예측할 수 있는 거예요.

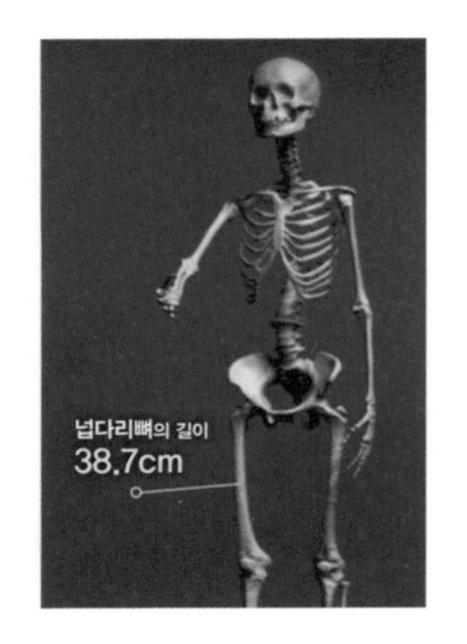

오늘날에는 정강이뼈 길이로 사람의 키를 예측해 볼 수 있어요. 정강이뼈를 x라고 하면, 남자의 키는 $2.39\times x+81.68$, 여자의 키는 $2.53\times x+72.57$로 계산 할 수 있어요. 예를 들어 정강이뼈 길이가 38cm일 때, 관계식에 따라 남자면 172.5cm, 여자면 168.71cm 정도가 돼요.

이처럼 방정식은 과거의 사실이나 현재의 궁금한 점의 답을 주기도 해요. 우리가 수억 년 전 존재했던 공룡의 비밀을 파헤치고, 1500년 전 가야 소녀의 키를 알 수 있는 것도 모두 방정식 덕분이랍니다.

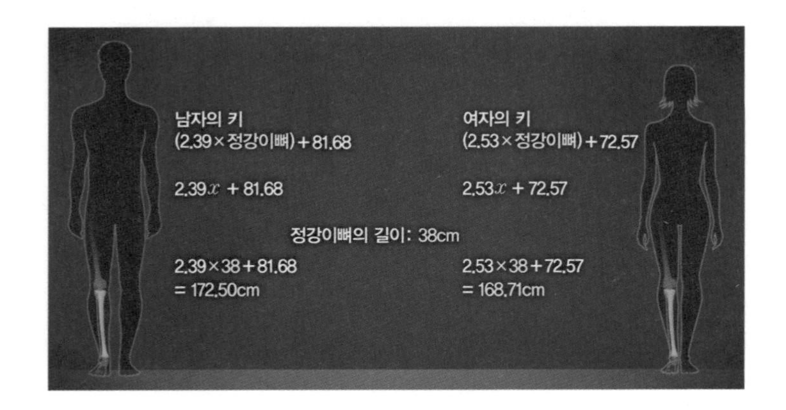

026

지문 속에 숨겨진 수학

지문의 분류값으로 범인을 찾아라!

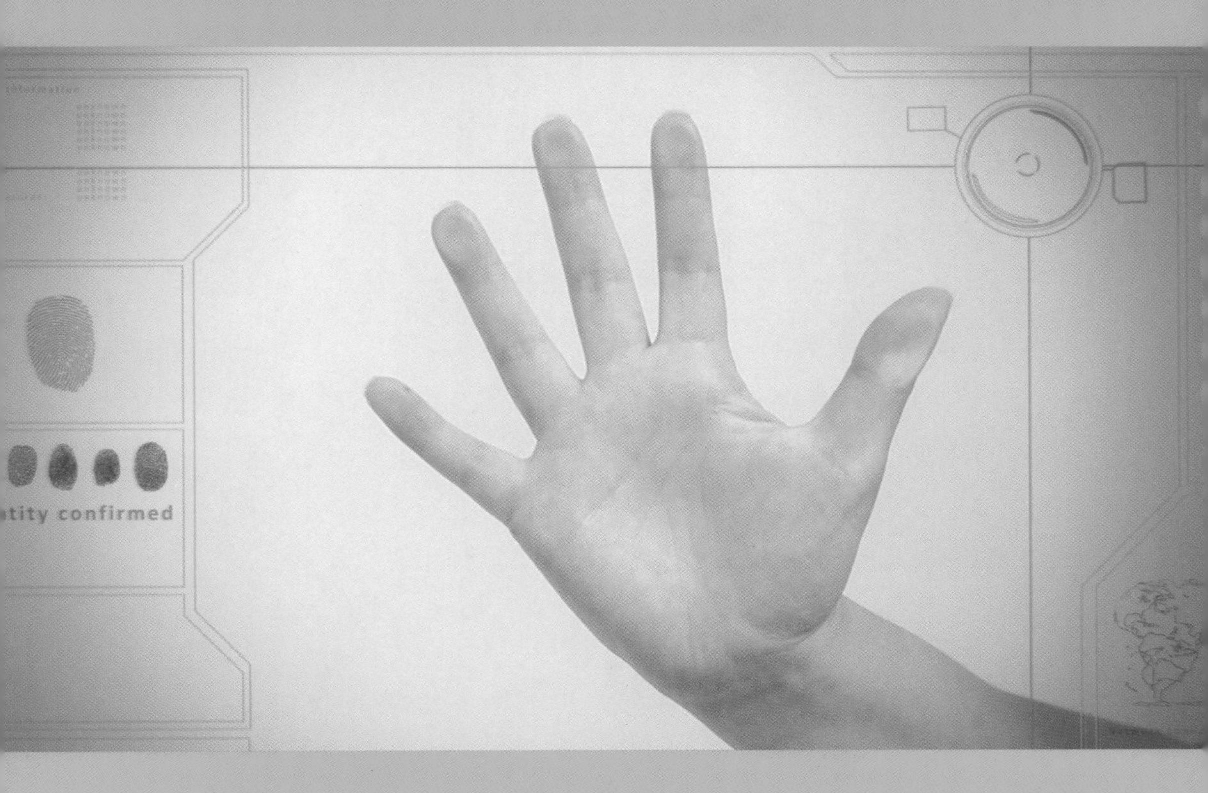

범죄 수사에서 가장 기본적이면서도
중요한 단서, '지문'

2000년에만 해도 반쪽짜리 지문으로는 범인을 찾지 못했다.
하지만 새롭게 보완된 지문 판독 시스템으로
지문의 일부만으로도 범인을 잡을 수 있게 됐다.

태내에서 만들어진 지문은
일란성 쌍둥이조차 모양이 다르고,
상처를 입어도 변하지 않으며,
나이가 들어도 그대로다.

지문 자체에는 수학적 규칙성이 없지만, 전문가들은 지문에서 발견한 공통점과 차이점으로 일정한 기준을 정해 지문을 분류해 이를 수사에 활용하고 있다.

지문의 모양과 손가락의 순서에 일정한 수를 부여한 뒤,
이를 식에 대입해 각 지문의 분류값을 결정하는 방법으로
지문을 수치화해 데이터로 정리한 덕분이다.

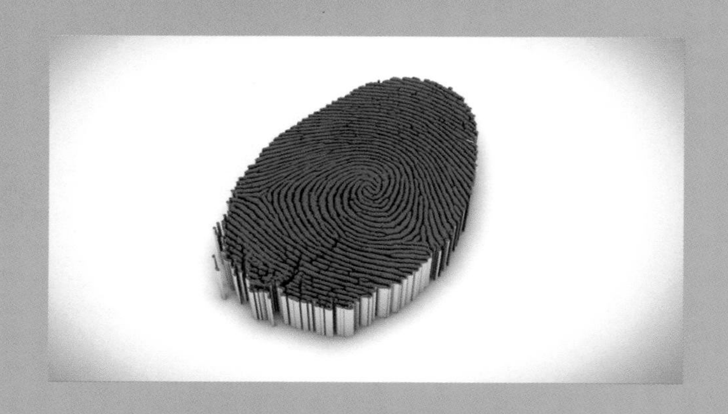

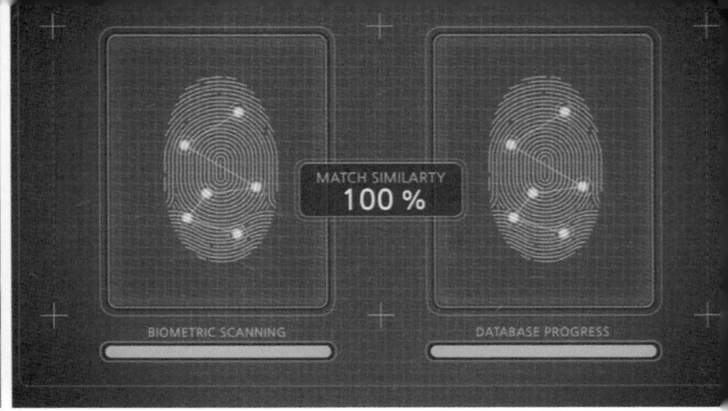

사람마다 모두 다른 지문

지난 2012년 3월, 경찰은 반쪽짜리 지문 하나로 12년 전 놓쳤던 범인을 마침내 잡았어요. 과거 살인 사건 현장에서 발견한 반쪽짜리 지문은 당시 기술로는 판별이 어려워 범인을 찾는 단서로 쓸 수 없었어요.
시간이 흘러 성능이 보완된 지문 판독 시스템이 개발됐고, 유일한 단서였던 반쪽짜리 지문은 결국 범인을 잡는 결정적인 역할을 했어요. 법원도 이를 증거로 인정해 범인에게 무기징역을 선고했어요.

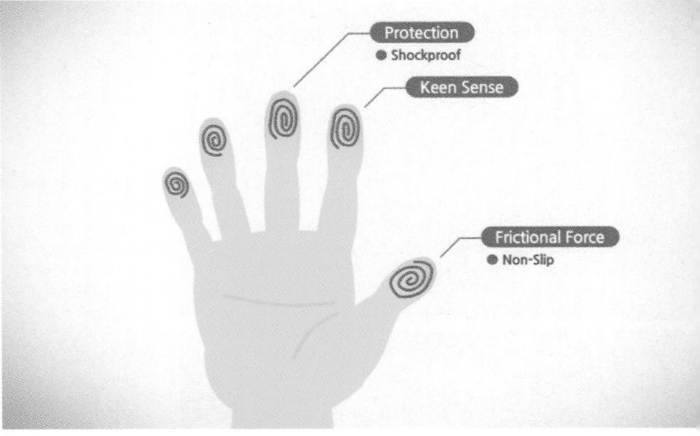

최근 범죄 수사에서 가장 기본적으로 사용하는 방법이 지문인식이에요. 경찰이나 수사관은 범죄 현장에 도착하면 범인이 남기고 간 지문을 찾아요. 만약 지문의 일부라도 발견되면 과학수사대는 이를 채취해 컴퓨터에 입력하고,

입력돼 있는 여러 사람의 지문과 비교해 지문의 주인을 찾지요.

지문은 땀구멍이 주변보다 높게 올라와 생긴 무늬로 손가락의 기능을 돕는 역할을 해요. 지문의 미세한 굴곡은 마찰력을 높여서 물건을 잡을 때 미끄러지는 것을 막아 줘요. 또 손가락의 촉각을 예민하게 하고 손가락에 가해지는 충격을 일부 흡수해 줘요. 이처럼 지문은 본디 손가락의 기능을 보완하려고 존재하는 것이지만, 그 모양이 사람마다 달라 범죄 수사에도 활용되는 거예요.
지문은 엄마 뱃속에서부터 만들어져 일란성 쌍둥이조차 모양이 달라요. 또 상처를 입거나 나이가 들어도 변하지 않아요. 그래서 지문이 범죄 수사의 단서가 되기도 하고 나만의 비밀번호가 되기도 해요. 사람마다 모두 다르니까요.

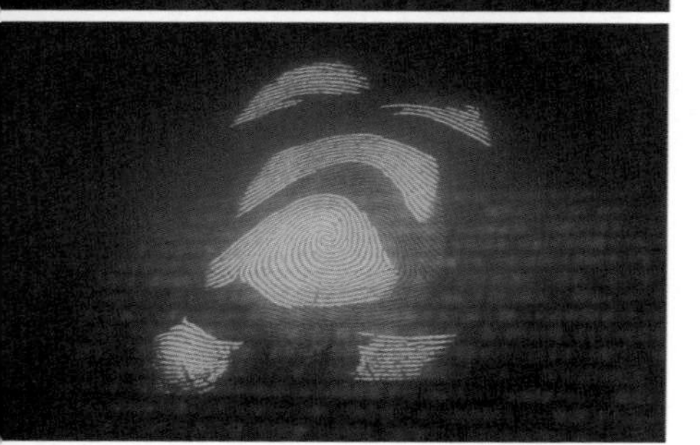

범인의 지문을 찾는 방법

컴퓨터에 입력된 수많은 지문 중에서 같은 지문을 찾아내는 것은 꽤 어렵고 복잡한 일이에요. 비교해야 할 지문의 개수가 많아지면 찾는 속도도 느려지고, 비슷한 지문이 많으면 지문의 주인을 찾는 정확도도 떨어져요. 특히 채취한 지문의 정교함이 떨어지거나 그 범위가 작을 땐 큰 어려움을 겪지요.
이런 문제를 해결하기 위해 전문가들은 지문의 영역을 여러 개로 나누고 각각의 정보를 나눠서 수집해요. 이렇게 지문을 찾는 속도와 정확도를 높이는 방법이 꾸준히 연구되고 있어요.

기본적으로 지문은 모양에 따라 반원형, 고리형, 소용돌이형으로 나눠요. 세 가지 유형을 더 자세히 분류하면, 다섯 가지, 열 가지로 기준이 더 세밀하게 쪼개져요. 최근에는 지문의 모양과 손가락 순서에 따라 각각 고유의 숫자값을 부여해 세분화하고 있어요. 예를 들면 소용돌이형 지문은 1, 반원형과 고리형 지문은 0 값을 부여하고 그다음 오른손 엄지와 두 번째 손가락은 16, 오른쪽 셋째 손가락과 넷째 손가락은 8, 오른쪽 새끼손가락은 4등 손가락 순서대로 숫자를 부여하는 것이죠.

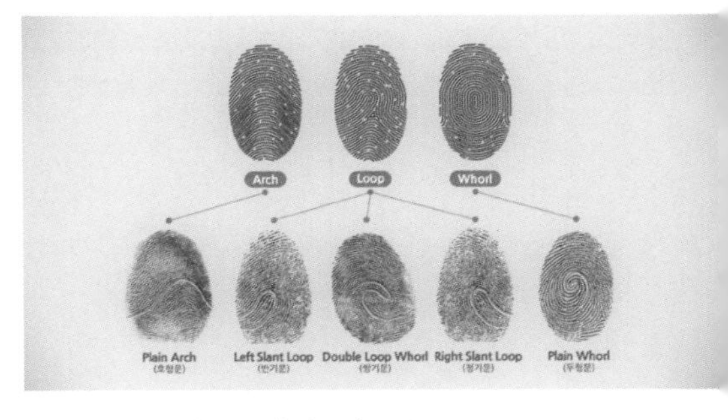

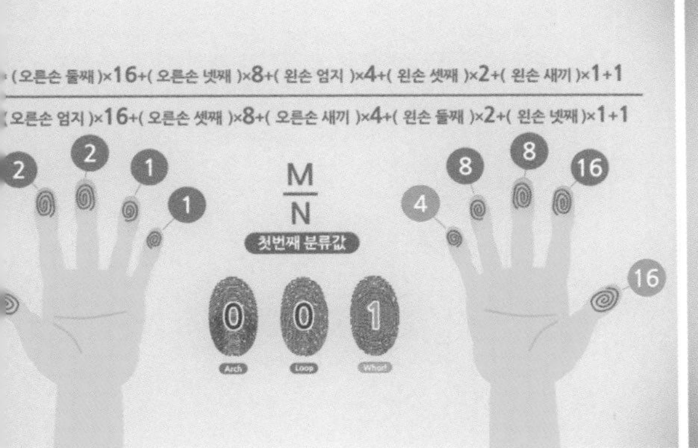

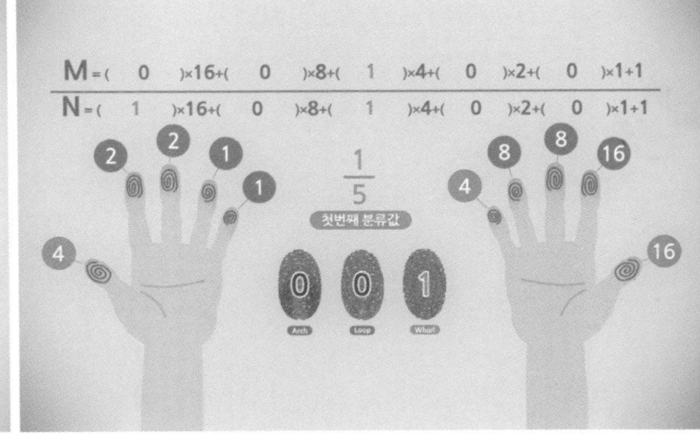

그런 다음 각 손가락의 분류값을 결정하는 식을 만들었어요. 여기에 각 손가락의 대표 유형과 손가락 순서를 구분해, 정해진 숫자값을 식에 대입하여 고유의 손가락 분류값을 구하는 거예요.

$$\frac{M=(\text{오른손 둘째})\times 16+(\text{오른손 넷째})\times 8+(\text{왼손 엄지})\times 4+(\text{왼손 셋째})\times 2+(\text{왼손 새끼})\times 1+1}{N=(\text{오른손 엄지})\times 16+(\text{오른손 셋째})\times 8+(\text{오른손 새끼})\times 4+(\text{왼손 둘째})\times 2+(\text{왼손 넷째})\times 1+1}$$

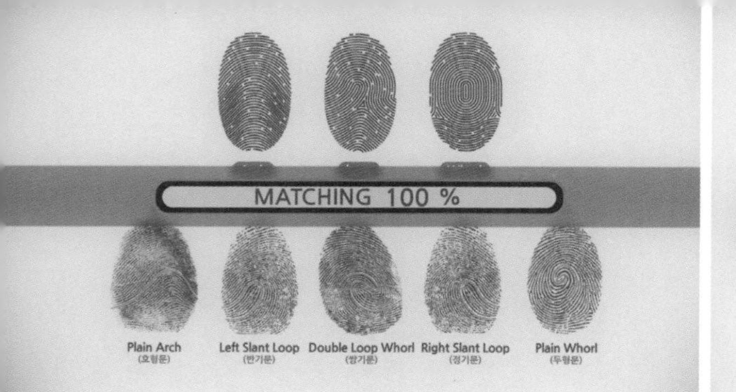

예를 들어 오른손 엄지손가락과 새끼손가락, 왼손 엄지손가락이 소용돌이형이라면, 첫 번째 고유 값은 $\frac{1}{5}$이 돼요. 이 방법대로 첫 번째 분류값을 계산하다 보면, 지문을 총 1024종류로 분류할 수 있어요.

그러면 지문의 주인을 찾기 위해 모든 유형의 지문과 일일이 비교할 필요 없이, 같은 분류 체계에 속한 지문만 비교하면 돼서 지문인식의 정확성과 속도를 높일 수 있어요.

이렇게 수학을 이용하면 사람마다 고유한 지문도 체계적으로 분류할 수 있답니다.

027

자연재해를 대비하는 방정식

방정식으로 날씨 예측하기

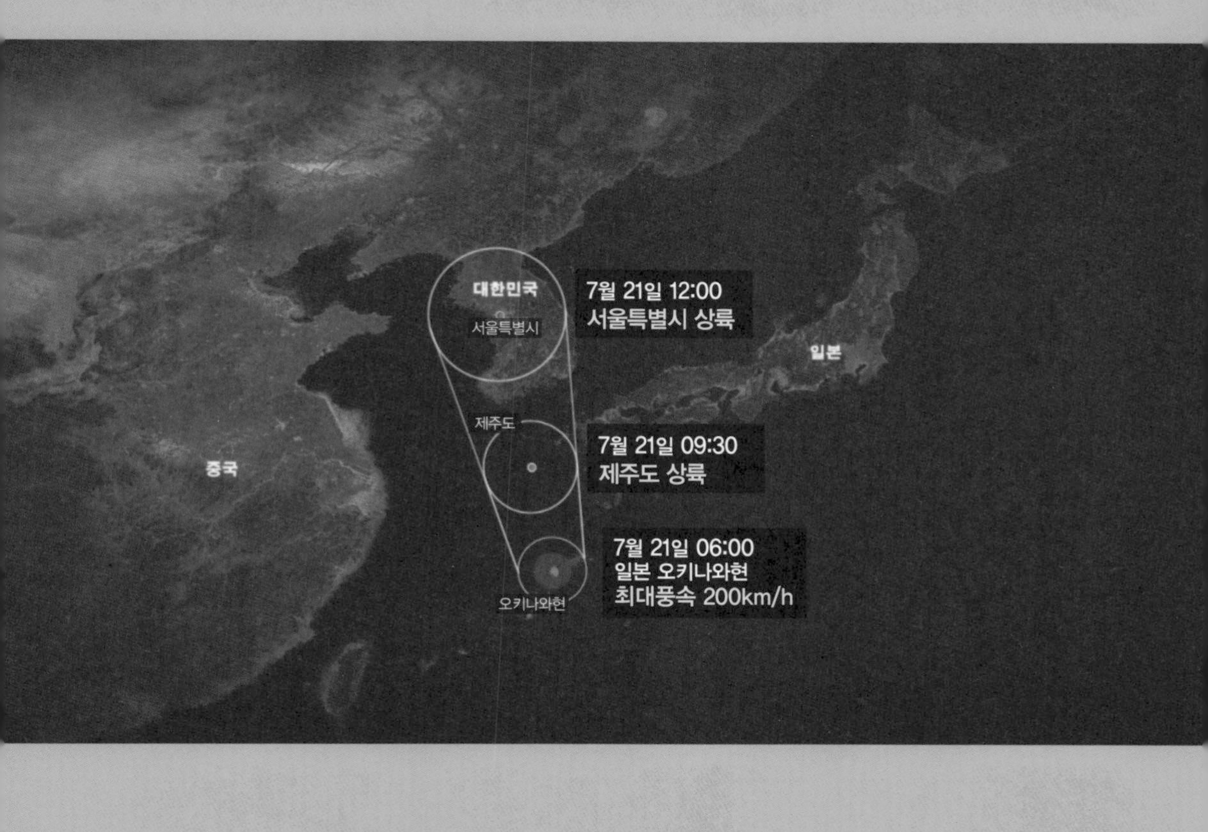

날씨를 예측하는 데에는
수많은 기상 정보가 필요하다.

기상예보관은 관측한 기상 정보를 분석해 날씨를 예측하는 방정식을 만든다.

이렇게 세운 방정식을 모아 수치예보 모델을 만들고,
슈퍼 컴퓨터가 이 방정식의 해를 구한다.

방정식의 해와 기상예보관의 경험과 직관이 더해져
날씨를 예측하는 것이다.

방정식은 날씨 예측뿐 아니라 각종 자연재해를
대비하는 데 도움을 준다.

태풍이 언제 우리 지역에 영향을 미칠지,
지진이 언제 우리가 사는 지층에 도달하고
어떤 강도를 흔들릴지,
방정식을 통해 계산할 수 있다.

지진의 발생

2016년 추석을 며칠 앞둔 9월 12일 저녁 7시 44분, 경상북도 경주에 규모 5.1의 지진이 발생했어요. 그리고 48분 만에 11배 더 강한 지진이 발생했어요. 이 진동은 경주와 가까운 울산은 물론, 서울에서도 느낄 수 있을 정도로 강력했답니다.

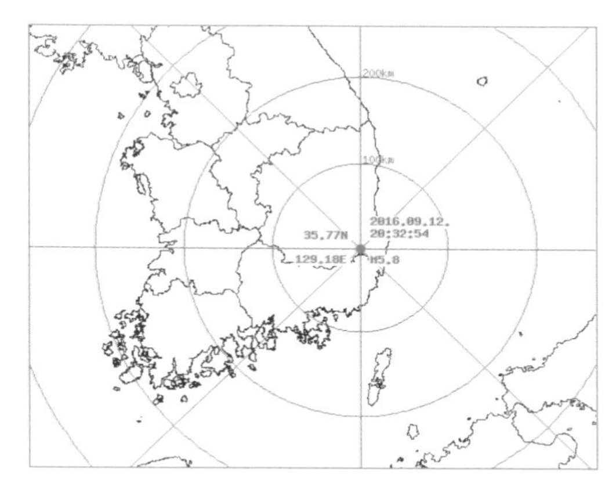

공식적으로 발표된 기상청 자료에 따르면 두 번째 발생한 지진이 '본진'이고, 본진의 규모는 5.8로 1978년 이후로 우리나라에서 발생한 최대 규모의 지진이라고 해요. 여기서 본진이란 여러 번 연속해서 일어난 지진 중에서 가장 규모가 큰 지진을 말해요.

지진 규모는 암석이 끊어지면서 일으키는 진동 에너지의 단위를 말하는데, 1935년 미국의 지진학자 찰스 리히터가 동료인 베노 구텐베르크와 함께 '리히터 규모'를 정의했어요. 리히터 규모에 따르면 규모가 4인 지진과 규모가 5인 지진은 겨우 1 차이지만 지진파 에너지는 약 32배나 차이가 나요.

지진이 발생한 지점을 '진원'이라고 하는데, 진원은 아주 깊은 곳이라서 지진이 나면 진원에서 수직으로 지표면과 만나는 점인 진앙을 파악해요. 기상청은 경주 지진의 진앙의 위치를 '경상북도 경주시 남남서쪽 8.7km 지역'이라고 발표했어요.

그럼 지진학자들은 어떻게 지진이 발생한 지점을 정확하게 찾아낼 수 있을까요? 지진이 발생하면 지진파가 생기는데, 지진학자들은 이 지진파를 관찰해 지진이 일어난 곳을 알아내고 방정식을 만들어 피해 범위와 일어난 시간을 계산해요.

방정식으로 지진 발생 지점 예측하기

땅속에서 단층이 급격히 파괴되면 엄청난 진동이 사방으로 퍼져요. 이를 '지진파'라고 하죠. 지진파에는 속도가 가장 빠르고 이동 방향과 진동 방향이 평행을 이루는 p파와 속도는 비교적 느리지만 이동 방향과 진동 방향이 수직을 이루는 s파가 있어요.

p파와 s파는 지진 발생 지점에서 동시에 출발해요. 지진 기록계에 먼저 기록되는 것은 속도가 빠른 p파예요. 그래서 지진학자들은 p파가 도착하고 s파가 도착할 때까지의 시간차를 ps시라고 부르고, 다음과 같은 식으로 정리했어요. 지진학자들은 이 ps시를 분석해 지진이 일어난 곳을 알아내요.

$$\frac{(\text{진원까지의 거리})}{(s\text{파의 속도})} - \frac{(\text{진원까지의 거리})}{(p\text{파의 속도})} = ps\text{시}$$

만약 지진 관측소에서 도착한 p파의 속도가 초속 7km, s파가 초속 4km, ps시가 60초라면, 지진이 발생한 진원까지의 거리는 얼마일까요? 이때 진원까지의 거리를 d라고 하면, $\frac{d}{4}-\frac{d}{7}=60$이라는 일차방정식을 세울 수 있어요. 분수식을 통분해 계산하면, 지진이 발생한 진원까지의 거리는 관측소

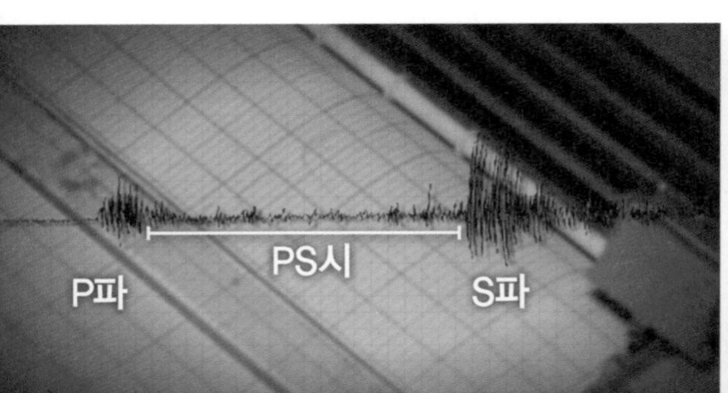

에서 560km 떨어진 곳이라는 걸 알 수 있어요.

날씨 예측에도 필요한 방정식

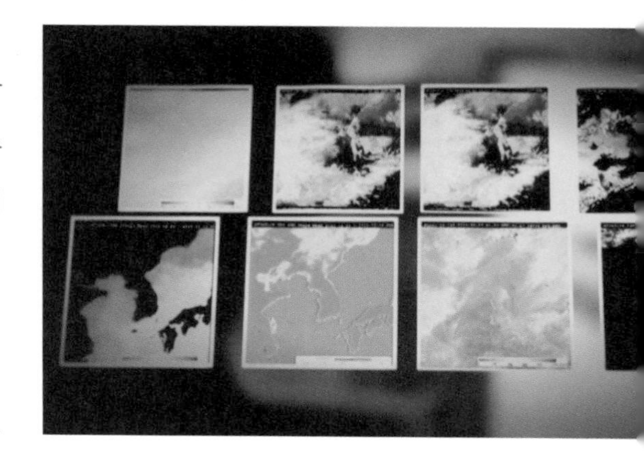

강한 비바람을 몰고 오는 태풍을 비롯해, 홍수나 가뭄, 지진과 화산 폭발과 같은 재해는 사람의 힘으로 막을 수 없는 자연현상이에요. 이 같은 자연재해 때문에 생기는 피해를 줄이려면, 날씨를 정확히 예측해 예방하는 것이 중요해요.

날씨 예측만큼 복잡하고 까다로운 일도 없어요. 찜통 같은 무더위가 이어지다가 갑자기 천둥, 번개와 함께 엄청난 비를 쏟는 등 변덕스럽기 짝이 없지요. 이런 날씨를 예측하는 데도 방정식이 쓰여요.

기상예보관은 온도나 습도, 기압 등 다양한 기상 정보를 바탕으로 수많은 방정식으로 이루어진 수치예보 모델을 만들어요. 기상위성은 3시간마다 지구 전체의 기상 상황을 전송해 줘요. 수증기와 온도, 바람 속도와 같은 정보를 수집하고 있어요. 이렇게 얻은 정보로 여러 종류의 방정식을 세운 다음에, 이 방정식을 컴퓨터에 입력해 하나의 수치예보 모델을 만드는 거예요.

우리나라 국가기상위성센터는 기상위성에서 보내온 기상 자료를 바탕으로 수치예보 모델을 만들고, 수치예보 모델이 예측한 날씨에 기상예보관들의 오랜 경험과 판단을 더해 생생한 날씨 정보를 알려 줘요.

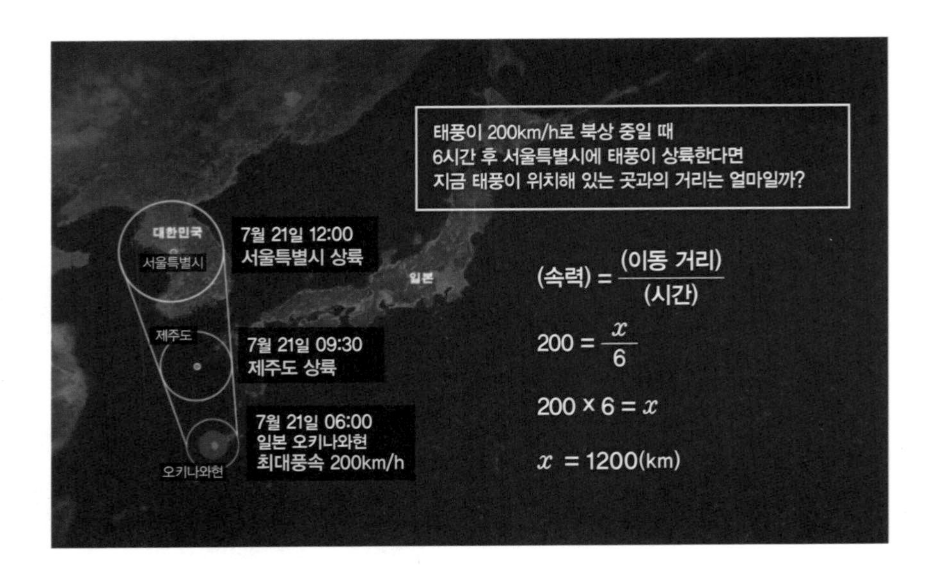

여름철 가장 큰 피해를 주는 태풍도 방정식을 활용하면 이동 속도와 도착 시간을 예측할 수 있어요.

예를 들어 최대 풍속이 시속 200km인 태풍이 일본 오키나와를 지나 제주도를 거쳐 서울로 올라온다고 해요. 이때 오전 6시에 오키나와를 지나던 태풍이 6시간 뒤 서울에 도착할 예정이라면, 지금 태풍은 서울로부터 얼마나 떨어진 곳에 있는 걸까요?

이 문제는 간단히 $(속력)=\frac{(이동\ 거리)}{(시간)}$ 공식을 이용해 풀 수 있어요. 구하고자 하는 거리를 x라고 하고 각 정보를 대입해 계산해 보면, $200=\frac{x}{6}$로 거리 x는 1200km, 현재 태풍은 서울로부터 1200km 떨어진 곳에 있다는 사실을 알 수 있어요.

이처럼 방정식은 날씨의 변화를 예측해 재해를 대비하게 도와줘요.

028

종이접기로 달나라까지

고이 접어 나빌레라!

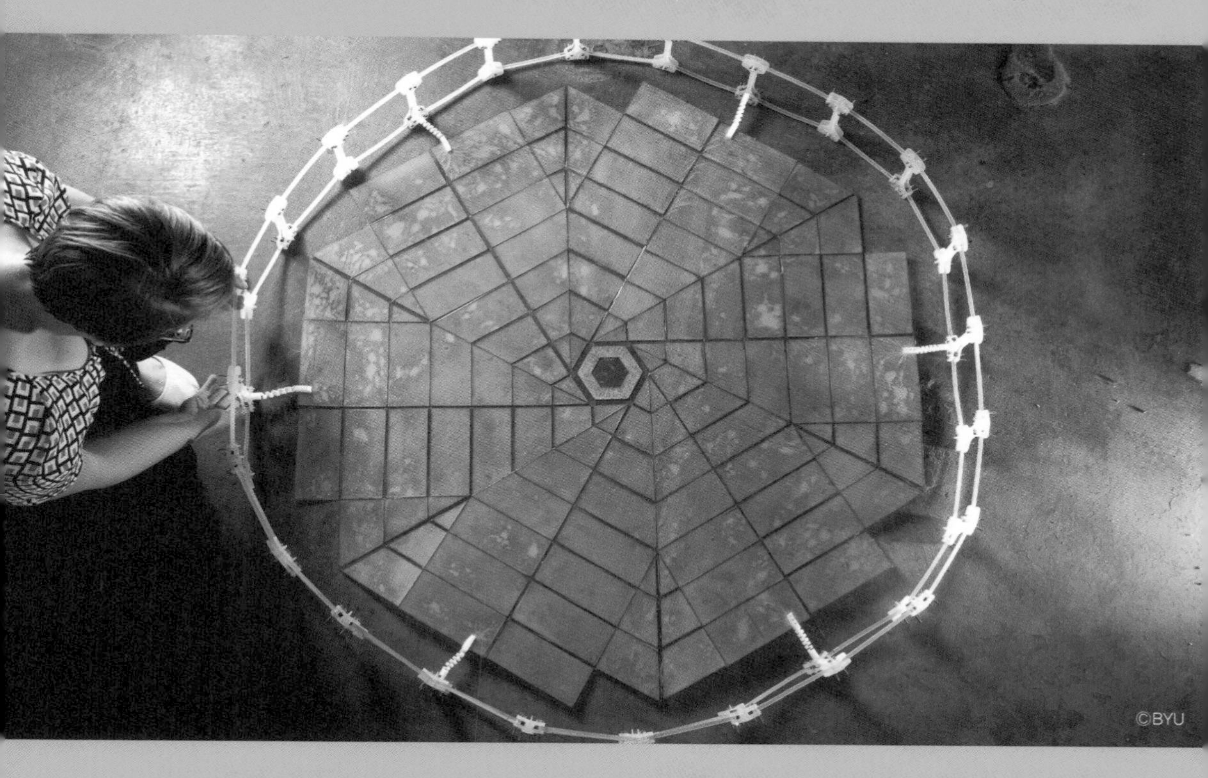

©BYU

종이학, 종이배, 종이비행기….

종이를 접고 펴면서
원하는 모양을 만드는 기술은
'오리가미'라는 이름으로 더 유명하다.

오리가미는 가위나 풀을 사용하지 않고,
종이 한 장을 접어서 다양한 작품을 만드는 예술 활동을 말한다.

오리가미 기술로 자연을 흉내 낼 수 있다.
예를 들어 잘 포개져 있는 꽃봉오리나 번데기 속에 구겨져 있는
곤충의 날개에서 오리가미와 닮은 점을 찾아냈다.

수학자와 과학자들은 때때로
오리가미 언어와 기술을 이용해
난제를 해결하기도 한다.

실제로 오리가미 기술은 태양전지판을
우주로 운반하는 데 중요한 역할을 한다.

예술에서 과학이 되다

종이접기는 중국에서 종이가 탄생하던 시대에 시작된 것으로 보여요. 쉽게 휘고 구겨지는 종이의 성질이 자연스럽게 인류의 '접기 본능'을 건드린 셈이지요.

종이접기는 6세기경 종이가 일본으로 전파되면서 사람들에게 알려지기 시작했어요. 이때 '접다'라는 뜻의 일본어 '오리'와 종이라는 뜻의 '가미'가 합쳐져 '오리가미'라는 단어가 생겼어요. 오리가미는 가위나 풀 없이 종이 한 장으로 작품을 만드는 것을 말해요.

오리가미에 관한 최초의 기록은 1680년 경 일본 문헌에서 찾을 수 있어요. 그 뒤로 꾸준하게 발전한 오리가미는 일본의 공예가 요시자와 아키라에 의해 체계화 됐어요. 요시자와는 수만 가지 새로운 작품을 만들어 낸 것은 물론, 점선, 실선, 화살표로 이뤄진 '오리가미 언어'를 정의했어요. 이렇게 그가 사용한 오리가미의 도면 표기법이 국제적인 표준이 되었어요.

오리가미가 체계를 갖추면서 많은 수학자와 과학자들은 오리가미 기술에서 아이디어를 얻었어요. 오리가미가 예술을 넘어 과학자들의 연구에도 영향을 미치기 시작한 거예요.

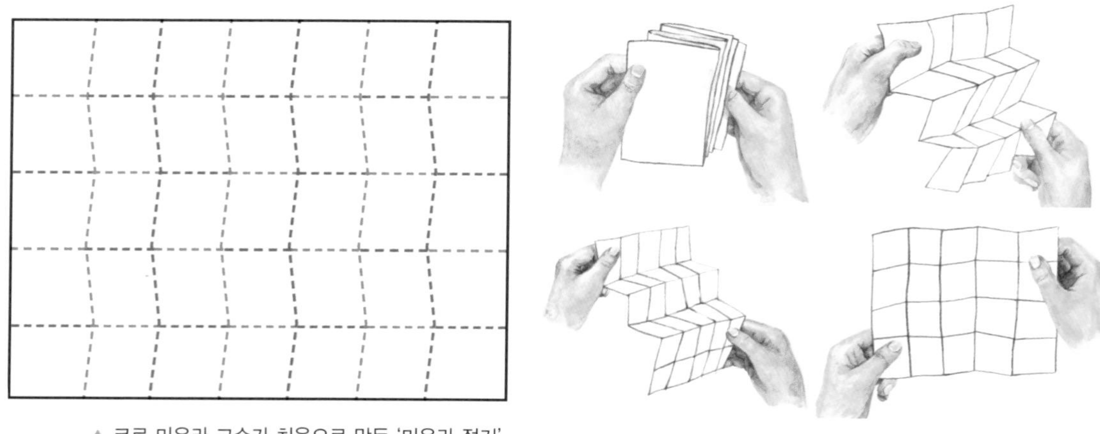

▲ 코료 미우라 교수가 처음으로 만든 '미우라 접기'

종이처럼 접을 수 있는 망원경

일본 도쿄대학교 코료 미우라 교수는 1970년에 마루와 골이 번갈아 나타나도록 가로 세로로 주름을 접어 크기를 줄이는 '미우라 접기'를 처음 만들었어요. 천체물리학자였던 미우라 교수는 거대한 태양전지판을 우주로 안전하게 보낼 수 있는 기술을 연구 중이었어요. 그는 여러 가지로 접는 방법을 연구하다가 아주 쉽게 여닫을 수 있는 구조이면서, 부피를 가장 작게 줄일 수 있는 최적의 방법을 찾아냈어요.

실제로 미우라 교수는 1995년 거대한 태양전지판을 접어서 우주로 보내는 데 성공했어요. 그로부터 몇 년 뒤인 2001년 미국 로렌스 리버모어 국립연구소는 우주에서 태양계 바깥 행성까지 관찰할 수 있는 망원경을 우주로 보낼 계획을 세웠어요. 이 망원경의 크기는 지름만 100m에 달하는 축구장만 한 크기의 망원경이었어요. 이는 당시 미국 항공 우주국(NASA)의 기술로 우주에 쏘아 올릴 수 있는 최대치의 10배나 됐어요.
한계에 부딪친 과학자들은 미국에서 오리가미 전문 작가로 유명한 로버트 랭 박사에게 도움을 요청했어요. 랭 박사는 망원경을 72개의 조각으로 만든 다음 접어서 로켓에 싣고, 우주에서 다시 원래 모습대로 펼치면 된다는 해결책을 주었어요. 현재 연구팀은 랭 박사의 도움으로 지름 5m짜리 망원경을 우주로 운반하기 위한 첫 발을 내딛은 상태예요.

최근에는 미국 항공 우주국(NASA)의 산하 기관인 제트 추진 연구소(JPL)와 미국 브리검영대학교 공동 연구팀이 지름 25m의 태양전지를 10분의 1 수준인 지름 2.7m로 접을 수 있는 기술을 연구 중이에요. 현재는 $\frac{1}{20}$ 크기의 모형을 만들어 1.25m 크기의 태양전지로 모의실험을 진행하고 있어요. 만약 이 기술 개발에 성공하면, 현재 태양전지의 전력 생산 능력을 17배(약 250kw) 정도 끌어올릴 수 있다고 해요.

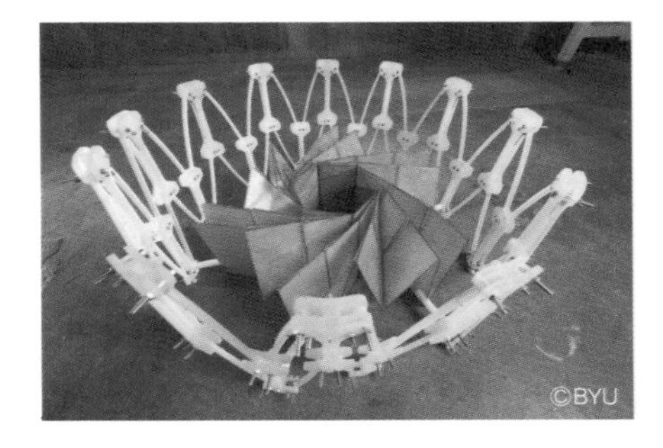

그뿐만 아니라 좁아진 혈관을 넓혀주는 시술인 스텐트, 꼬임없이 골고루 터져야하는 에어백에도 오리가미의 기술이 숨어 있어요. 이처럼 오리가미 기술은 분야의 경계 없이 대상을 최소 부피로 줄여 최대 효과를 낼 수 있는 모든 곳에서 사용되고 있어요. 단순한 교육용 재료나 장난감이 아니라 한계를 뛰어넘는 기술로 자리매김하고 있답니다.

▼ NASA에서 제작하고 있는 '제임스 웹 우주 망원경'. 이 우주 망원경은 오리가미 기술에서 아이디어를 얻어, 접히는 반사거울을 달았다. 2018년 10월 이후에 아리안 5호 로켓에 실려 발사될 예정이다.

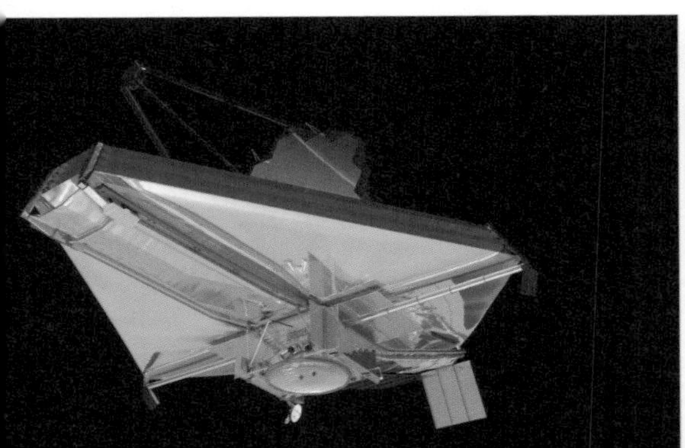

029

/

CT의 기본은 연립일차방정식

생활 속에서 쓰이는 미지수 x

현대 의학에 큰 영향을 미친 X선.

X선을 처음 발견한
독일의 물리학자 뢴트겐.

1895년 전자기파인 음극선 실험을 하던 뢴트겐은
눈에 보이지 않지만 종이나 나무를 잘 통과하는
새로운 방사선을 발견했다.

수학에서 잘 모르는 수를
미지수 x라고 표현하듯
뢴트겐은 이 광선에
'X선'이란 이름을 붙였고
훗날 이 업적으로
노벨 물리학상을 받았다.

X선은 현대 의학의 발전에 큰 영향을 미쳤고,
몸속 장기를 들여다보는 CT의 발명을 이끌었다.

X선의 발견

1895년 어느 날 독일의 물리학자 뢴트겐은 자신의 실험실에서 전자기파인 음극선 실험을 하고 있었어요. 그러다 우연히 눈에는 보이지 않지만 종이나 나무를 잘 통과하는 새로운 방사선을 발견했어요.

뢴트겐은 수학에서 잘 모르는 미지수를 X라고 말하는 것처럼 이 미지의 광선을 X선이라고 불렀어요. 사람의 뼛속까지 훤히 들여다보는 X선은 발견 당시 사람의 마음까지 볼 수 있는 게 아니냐는 소동이 벌어질 정도로 큰 화제가 됐어요.

X선은 훗날 다양한 분야에서 유용한 수단으로 쓰였고, 그 공로를 인정받아 뢴트겐은 최초의 노벨 물리학상을 받았어요.

오늘날 수술을 하지 않고도 몸속을 확인할 수 있고, 공항에서 짐가방을 풀지 않고도 훤히 들여다 볼 수 있는 것도 모두 X선의 발견 덕분이랍니다.

▼ X-ray는 전자기파로 투과성이 강하여 물체의 내부를 볼 수 있으므로, 의료 분야 및 비파괴 검사 등에 쓰인다.

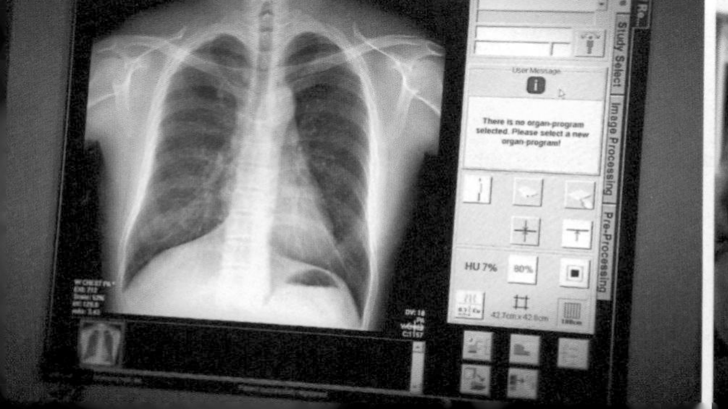

CT에 숨어 있는 연립일차방정식

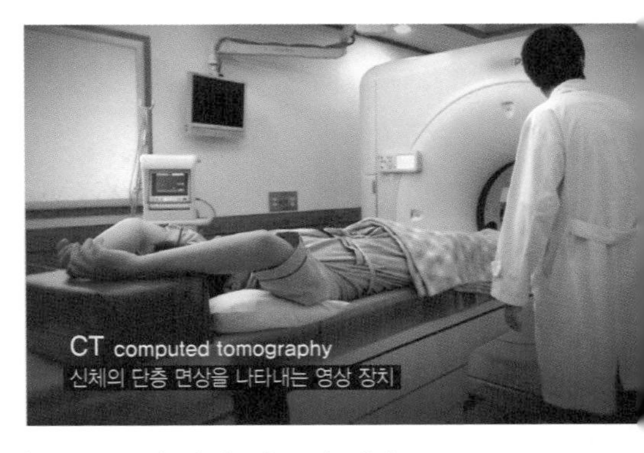

CT(컴퓨터 단층 촬영)는 우리 몸에 X선을 여러 각도로 쬐어, 처음 쏜 X선 양과 통과한 X선 양의 차이를 계산해 몸속 사진을 촬영하는 거예요. 우리 몸을 통과한 X선 에너지가 내부의 밀도에 따라 얼마나 줄어들었는지 측정하는 원리예요. 예를 들어 뼈처럼 밀도가 높은 부분을 통과하면 X선은 많이 줄어들고, 근육처럼 밀도가 낮은 부분을 통과하면 X선은 적게 줄어들어요.

CT에는 방정식의 원리가 숨어 있어요. 환자 몸의 일부 방향에서 아래 그림과 같이 X선을 쏜다고 가정해 봐요. 그러면 처음에 10이었던 X선의 에너지는 몸을 통과하면서 자연스럽게 일부가 사라져요. 이때 환자 몸을 격자 모양으로 나누고, X선이 만나는 점에 미지수를 하나씩 정해요. 그러면 X선이 환자 몸을 통과하면서 사라진 에너지양의 합을 여러 개의 일차방정식으로 나타낼 수 있어요.
여기서는 P+S=7, Q+R=7, P+Q=5, S+R=9로 나타낼 수 있어요. 이를 연립방정식으로 묶어 해를 구한 다음, 이를 흑과 백 명암을 나타내는 함수로 1:1 대응시키면 단층 촬영 사진이 완성돼요.

▼ CT는 환자의 몸을 통과한 X선 에너지가 얼마나 줄어드는 지를 관찰해, 그 값으로 연립일차방정식을 세워 몸속 구조를 사진으로 담아내는 원리이다.

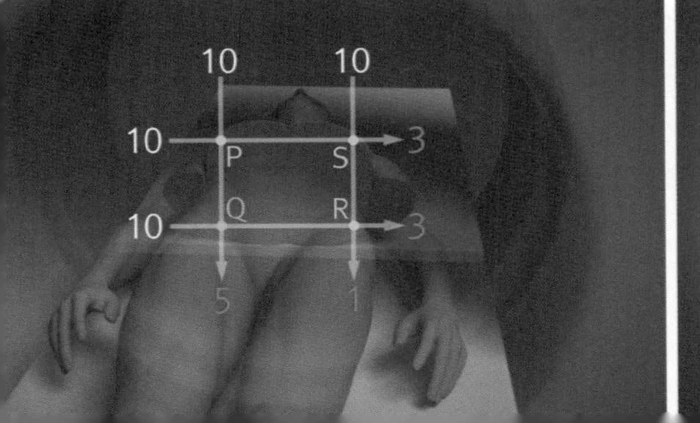

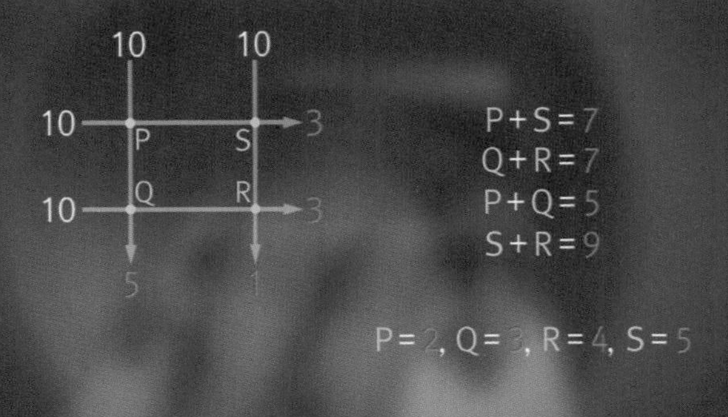

수학자가 먼저 만든 CT 기술

요한 라돈
1887~1956
오스트리아 수학자

CT 진단법은 1979년 미국의 물리학자 앨런 코맥과 영국의 공학기술자 고드프리 하운스필드가 노벨 생리의학상을 받으면서 세상에 알려졌어요.

CT의 원리는 이미 1917년에 오스트리아의 수학자 요한 라돈이 먼저 개발한 상태였어요. 라돈은 '모든 방향에서 평면으로 자른 단면의 넓이로 원래의 입체 모양을 복원할 수 있다'는 수학 문제를 증명했어요. 크게 보면 이것이 바로 CT 진단법의 기본 원리예요.

라돈은 누구보다 앞서 이 원리를 알고 있었지만, 안타깝게도 직접 CT 기술을 체험하진 못했어요. 라돈이 살던 시대에는 CT를 실제 장비로 실현해 낼 수 있는 기술이 없었기 때문이에요.

물론 오늘날 병원에서 사용하고 있는 CT는 일일이 연립방정식을 세워 계산하는 방식은 아니에요. 같은 원리지만 일차방정식보다는 고차원인 적분방정식으로 설계돼 있어요. 덕분에 더 선명하고 정밀한 결과를 얻을 수 있지요. 최근에는 영상의학에 수학이 더해져 더욱 발전하고 있답니다.

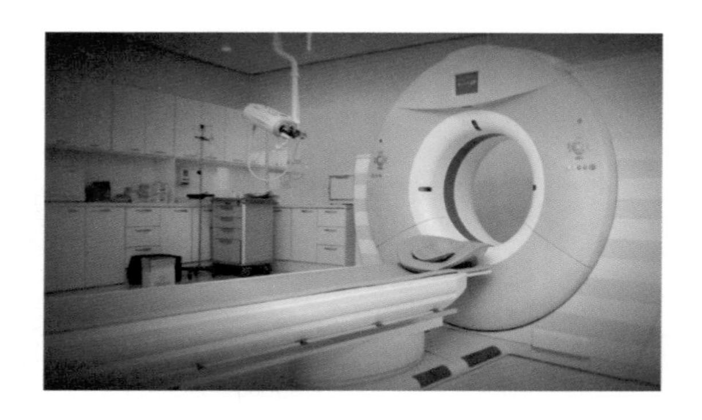

030

지구를 위한 수학

연립방정식으로 지구의 변화를 예측하라!

지구온난화와 같은 **환경 문제**로 위기에 빠진 지구.

많은 수학자들은 수학을 이용해 환경 문제를 해결하기 위해 애쓰고 있다.

미국의 **케네스 골든** 교수는
빙하 속을 들락거리는 **바닷물**이
빙하가 녹는 데 미치는 영향을 **수학적으로** 설명해서
빙하 속 바닷물의 움직임을 이해하고 예측할 수 있게 했다.

캐나다의 **앤서니 피어스** 교수는 **셰일가스**를 채취하는 과정에서 발생하는
환경 문제를 최소화하기 위한 **연립방정식**을 만들었다.

프랑스 수학 교사 **오기스테 무쇼**는 태양열 수집기를 발명해서
태양열 에너지를 사용할 수 있도록 했다.

빙하가 녹는 이유, 수학으로 밝혀내다

북극의 빙하는 녹는 속도가 최근 10년 사이에 3배나 빨라졌고, 지난 21년간 사라진 남극 빙하의 양은 에베레스트산 10개만큼이라고 해요. 만약 지금처럼 지구온난화가 계속되면, 북극과 남극의 빙하가 모두 녹아 바다의 높이가 60m 이상 올라가게 되고, 이로 인해 지구의 여러 섬나라가 물에 잠기게 될 거예요.

매년 줄어드는 북극과 남극의 빙하는 지구온난화의 결과이기도 하지만, 기후 변화를 일으키는 또 하나의 원인이 되기도 해요.

예를 들어 북극에서는 빙하가 햇빛을 반사하는 역할을 하는데, 빙하가 녹으면 바다가 그대로 드러나게 되고, 그러면 햇빛은 고스란히 바다로 흡수돼요. 이렇게 흡수된 열은 바다의 온도를 높여 또 다른 빙하를 더 빨리 녹게 하는 원인이 되는 거예요.

이처럼 위기에 처한 극지방의 빙하를 연구하기 위해 수학자들이 나섰어요. 미국 유타대학교 응용수학과의 케네스 골든 교수는 극지방에서 녹아내리는 빙하를 연구했어요. 골든 교수는 빙하 속을 들락거리는 바닷물의 움

▼ 골든 교수는 빙하 속을 들락거리는 바닷물의 움직임에 집중했다.

직임에 집중하고, 이것이 빙하가 녹는 데 어떤 영향을 미치는지 분석했어요. 골든 교수는 컴퓨터 단층 촬영 장치를 이용해 빙하 속 빈 공간의 미세한 구조를 조사하고, 그 구조가 수온과 바닷물의 염도에 따라 어떻게 달라지는지를 관찰했어요. 그리고 그 결과를 수식으로 표현했어요. 골든 교수는 이 수식으로 지금까지 알려지지 않았던 빙하 속 바닷물의 구체적인 움직임을 수학적으로 설명하고, 수온과 염도에 따라 달라지는 빙하의 녹는 정도를 예측했어요.

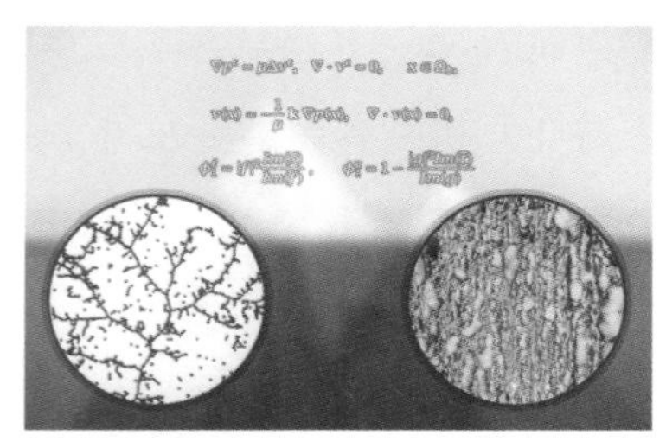
▲ 골든 교수는 빙하 속 미세한 구조가 수온과 바닷물의 염도에 따라 달라지는 결과를 수식으로 표현했다.

덕분에 지구온난화로 인해 달라지는 지구의 기후 변화도 가상 실험해 볼 수 있게 됐어요. 뿐만 아니라 폭우나 한파와 같은 기상이변도 컴퓨터 가상 실험을 통해 예측하여 피해를 최소화할 수 있어요.

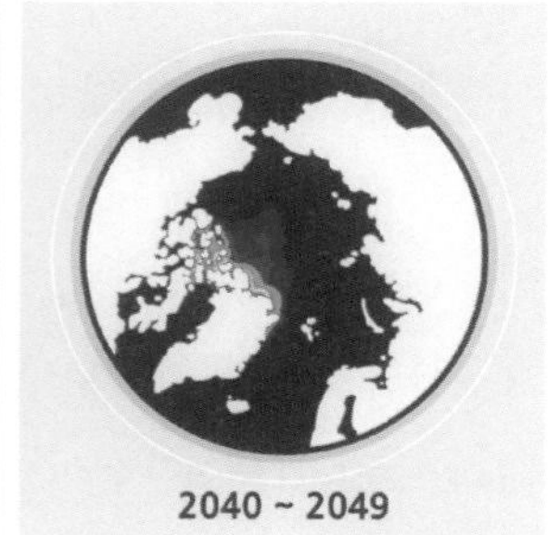

연립방정식으로 최적의 조건 찾기

환경 문제를 연구하는 수학자도 있어요. 캐나다 브리티시컬럼비아대학교 앤서니 피어스 교수는 셰일가스를 추출할 때 생기는 환경오염을 줄이는 방법을 연구했어요. 셰일가스는 석유를 대체할 수 있는 천연자원이긴 하지만,

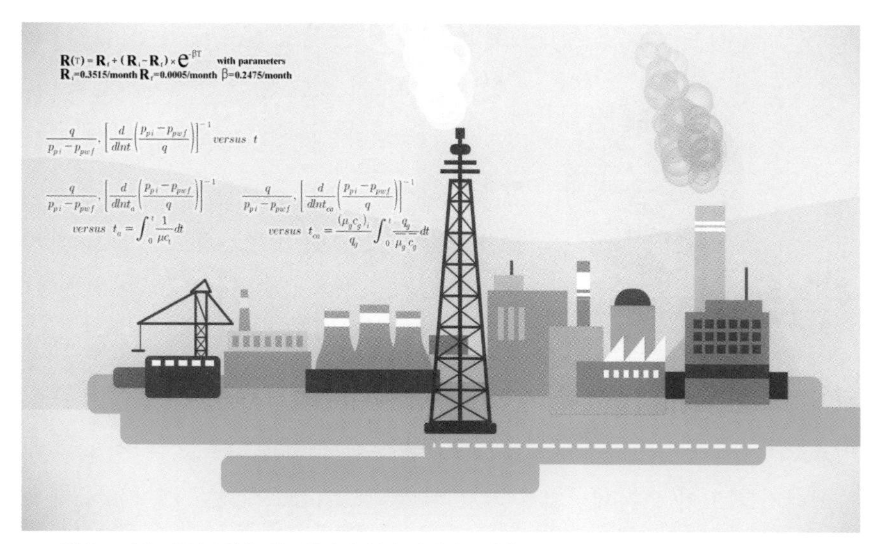

▲ 피어스 교수는 환경오염을 최소화하기 위해 셰일가스 추출 과정을 설명하는 연립방정식을 만들었다.

화학약품을 이용해야만 땅속 깊은 곳에서 가스를 채취할 수 있거든요. 이때 사용하는 화약약품이 환경오염의 원인이 되고 있어요.

이에 피어스 교수는 셰일가스를 추출할 때 발생하는 환경오염 문제를 최소로 줄이기 위해 셰일가스를 추출하는 전체 과정을 설명하는 연립방정식을 만들었어요.

공학자들은 이 연립방정식을 바탕으로 가상 실험 프로그램을 만들었어요. 이 프로그램에 화학약품의 양이나 땅을 뚫는 깊이와 같은 변수를 다르게 바꿔서 대입하면 직접 땅을 파는 실험을 하지 않고도 조건에 따라 달라지는 결과를 예측할 수 있어요.

덕분에 가상 실험을 여러 번 반복해 오염을 최소화할 수 있는 값을 알아내는 방법을 개발할 수 있게 됐어요. 이처럼 최근에는 수학자들이 지구온난화나 환경오염 문제를 해결할 수 있는 돌파구를 찾고 있답니다.

에너지 고갈 문제도 수학으로 해결

인류와 지구가 겪고 있는 또 한 가지 큰 문제, 에너지 고갈 문제의 해결책을 찾기 시작한 사람도 바로 수학자였어요.

1878년 프랑스는 아직 가스등으로 불을 밝히고, 마차가 다니던 시절이었어요. 수학 교사였던 오기스테 무쇼는 포물면을 이용한 태양열 수집 장치를 발명해 석탄 대신 태양열 에너지를 사용하는 방법을 발표했어요. 그는 포물면의 특징을 살려 태양열 수집 장치를 만들고, 이것으로 태양에너지를 모아 운동에너지로 바꾸면 석탄이 고갈되더라도 태양을 대체에너지로 쓸 수 있다고 설명했어요.

당시에는 석탄이 워낙 저렴해 사람들에게 큰 관심을 받지 못했지만, 100여 년이 지난 오늘날 태양열 에너지는 에너지 문제를 해결하는 확실한 대안이 되고 있어요.

음식 조리에 필요한 땔감을 구하기 어려운 사람들은 포물선 태양열 조리기가 생기면서 더 이상 땔감을 구하러 다닐 필요도, 매캐한 연기 냄새를 맡을 필요도 없게 됐어요. 또 최근에는 연료를 구하기 어려운 빈민층의 구호품으로도 활용되고 있답니다.

과거에는 대기와 바닷물, 땅의 움직임을 예측할 수 없어서 자연의 움직임은 신의 뜻이라고 여겨 왔어요. 이젠 수학자들이 지구를 위한 연구를 하여 땅과 바다, 대기의 움직임을 분석해 지구온난화, 환경오염, 에너지 고갈 문제를 해결하고 있어요. 이렇게 수학이 지구를 구하고 있는 셈이지요.

031

흥미로운 삼각수

이차방정식이 숨어 있는 삼각수

볼링핀을 위에서 내려다보면 삼각형 모양이다.
중세 시대의 케겔이라는 경기나
현대의 포켓볼도 공을 삼각형 모양으로
만든 다음 경기를 시작한다.

이렇게 삼각형으로 놓인 물건의 전체 개수를 삼각수라고 하는데,
이는 $\frac{n(n+1)}{2}$ 로 구할 수 있다.

한편 삼각수를 이미 알고 있을 때, 몇 개의 열로 이루어졌는지를 구할 때는 이차방정식을 이용하면 된다.

이차방정식을 이용하면 삼각수의 값이
크더라도 무리 없이 구할 수 있다.

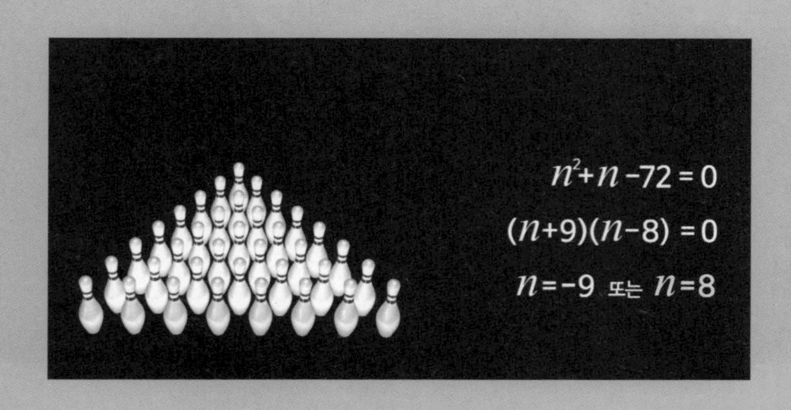

볼링핀을 삼각형으로 세우는 이유

마틴 루터
1483~1546
독일 종교 개혁자, 신학자

중세 시대 독일에는 오늘날 볼링과 비슷한 놀이가 있었어요. 원기둥이라는 뜻을 가진 '케겔'이라는 놀이로 막대를 세워 놓고 둥근 돌을 굴려 넘어뜨리는 방식이었어요. 당시 사람들은 악마를 상징했던 막대를 많이 쓰러뜨릴수록 신앙심이 깊은 것으로 생각했다고 해요. 당시 제각각이었던 케겔의 막대 수를 독일의 종교개혁가 마틴 루터가 9개로 통일하면서 경기 규칙이 정해졌어요.

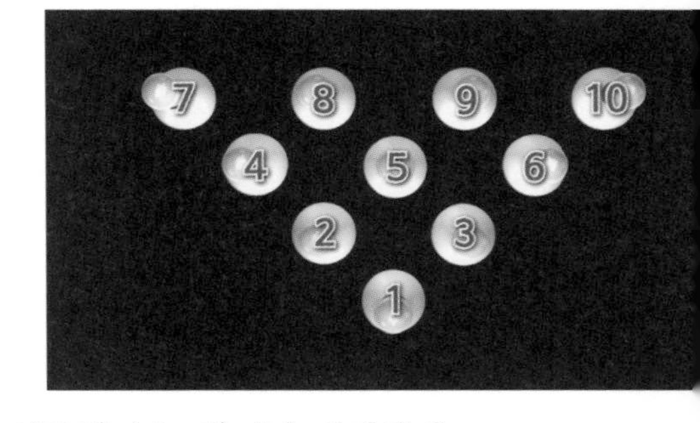

이 놀이는 콜롬버스가 신대륙을 발견한 뒤로, 유럽인들이 미국으로 건너오면서 같이 전해졌어요. 사람들은 9개의 핀을 향해 공을 굴리는 이 놀이에 너도나도 관심을 가졌고, 곧 황금기를 맞이하는 것처럼 보였지만 미국 뉴욕주를 시작으로 몇몇 도시에서 도박의 위험이 있다는 이유로 금지령을 내려 흑역사가 시작됐지요. 하지만 건전하게 놀이를 즐기는 사람들이 핀을 하나 더해, 10개의 핀으로 즐기는 '볼링'이 새롭게 등장했어요. 1875년 미국 뉴욕을 중심으로 이 놀이는 다시 건전한 스포츠로 이름을 알리게 되었지요. 이때 사람들이 10개의 핀을 규칙적이고 안정적으로 세워 놓으려다 보니 자연스럽게 삼각형 모양으로 놓기 시작한 것으로 보여요.

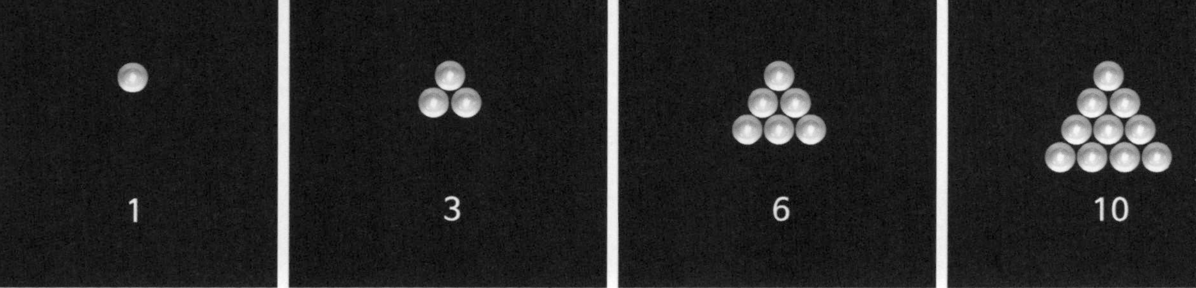

▲ 삼각형 모양을 이루는 전체 물건의 개수를 삼각수라고 한다.

가우스가 알아낸 삼각수 계산법

볼링핀처럼 어떤 물건을 일정하게 늘어놓아 삼각형으로 만들 때, 삼각형 모양을 이루는 전체 물건의 개수를 '삼각수'라고 불러요. 예를 들어 일반적인 볼링핀은 3개, 6개 또는 10개로 삼각형을 만들 수 있는데, 이때 3과 6, 10이 바로 삼각수예요.

삼각수는 연속된 자연수의 합으로 나타낼 수 있어요. 첫 번째 삼각수는 1, 두 번째 삼각수는 1+2=3, 세 번째 삼각수는 1+2+3=6, 네 번째 삼각수는 1+2+3+4=10이 돼요.

그럼 100번째 삼각수는 얼마일까요?

이 해법은 18세기 독일의 수학자 가우스의 풀이 방법에서 찾을 수 있어요. 가우스는 어린 시절 학교에서 1부터 100까지의 자연수를 모두 더하라는 문제를 보고, 일반적인 방법이 아닌 특별한 방법으로 풀어냈어요.

▼ 독일의 수학자 가우스의 1~100까지 수의 덧셈법

▼ n번째 삼각수를 구하는 식

$$(n+1) \times \frac{n}{2}$$

$$\frac{n(n+1)}{2}$$

먼저 1부터 100까지 수를 한 줄에 적고 그 아래에는 100부터 1까지 수를 적어요. 그 다음 위아래로 짝지어진 두 개의 수를 더하면, 그 합이 각각 101이 돼요. 그러면 여기에 101은 모두 100쌍이 생기고 전체 합은 101×100으로 10100이 돼요. 이 방법으로 전체 합을 구하면 1부터 100까지 2번 더한 꼴이 되므로, 10100을 2로 나눈 5050이 1부터 100까지 더한 합이에요. 이것을 다시 식으로 써 보면 $\frac{100(100+1)}{2}$이 돼요. 이때 100을 모두 n으로 바꾸면 n번째 삼각수를 구하는 식이 돼요. 따라서 n번째 삼각수는 $\frac{n(n+1)}{2}$으로 구할 수 있어요.

이차방정식을 이용한 열 구하기

이번엔 삼각수를 알 때, 그 삼각수가 몇 번째 삼각수인지 구하는 방법을 알아 볼게요. 예를 들어 볼링핀이 모두 36개가 있다면, 볼링핀은 모두 몇 개의 줄로 돼 있을까요?

앞에서 살펴본 공식으로 식을 세우면, $\frac{n(n+1)}{2}=36$예요. 양변에 2를 곱해 식을 정리하면, $n^2+n-72=0$이 돼요.

인수분해로 이차방정식을의 해를 구하면, $n=-9$ 또는 $n=8$이 돼요.

볼링핀은 그 개수가 음수가 될 수 없으므로 $n=8$일 때 이 식이 성립한다는 사실을 알 수 있어요. 따라서 볼링핀이 모두 36개라면, 이 볼링핀은 모두 8줄이에요.

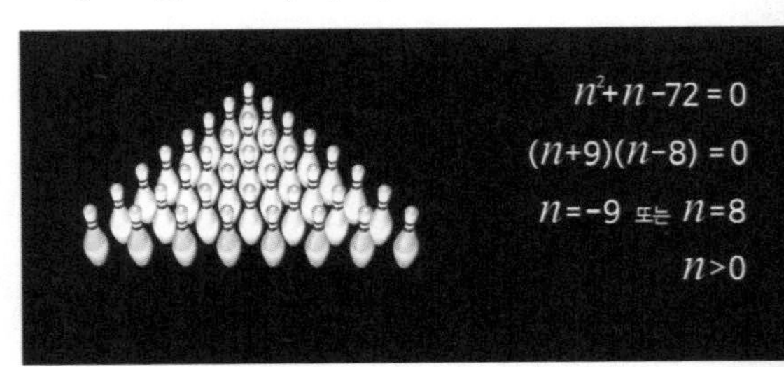

032

/

세상을 바꾼 위대한 방정식

E=MC²부터 드레이크 방정식까지

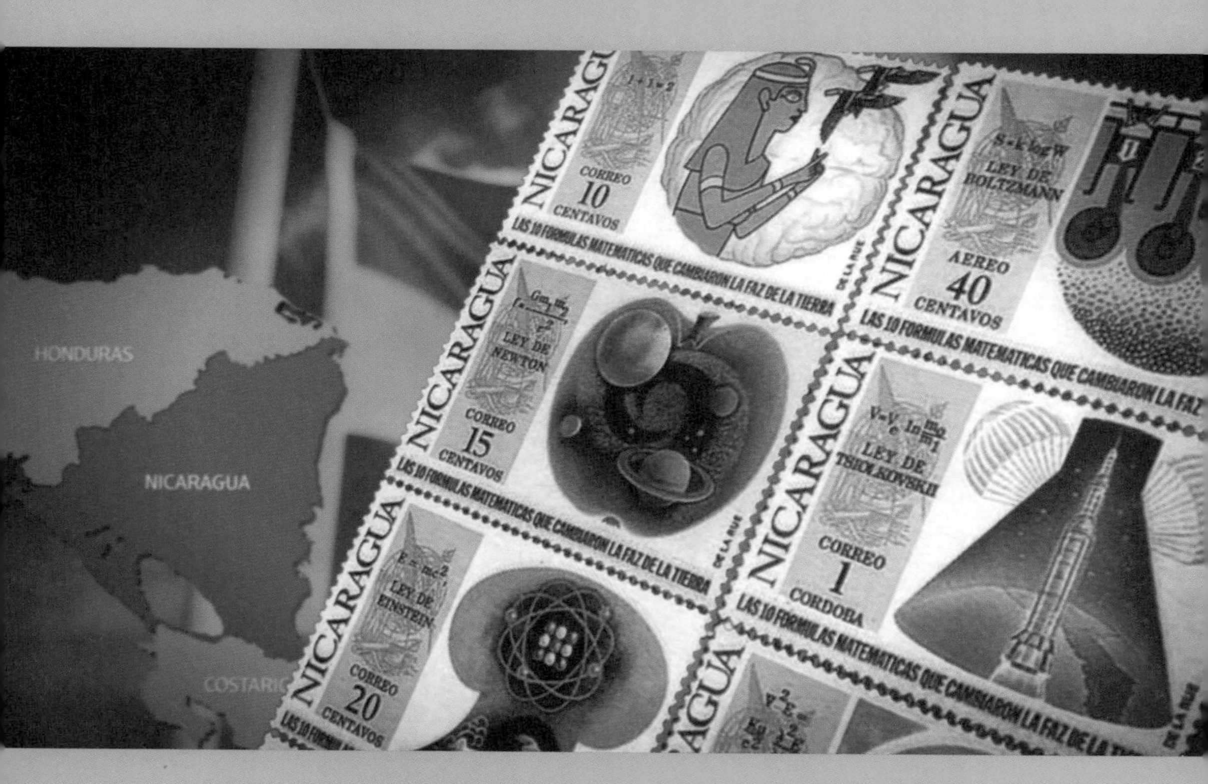

1971년 중앙아메리카 대륙에 있는 니카라과 정부는
세상을 바꾼 10가지 방정식을 기념하는 우표를 발행했다.

여기에는 1+1=2와 같은 가장 기본 연산부터
피타고라스 정리, 만유인력의 법칙, 아르키메데스의 원리 등
자연을 설명한 방정식이 담겨 있다.

방정식은 자연을 설명하는
가장 최고의 언어라고 해도 과언이 아니다.

10가지 방정식은 문명을 발전시키는 원동력으로
인류 역사의 현장 곳곳에서 존재감이 드러냈다.

사랑도 방정식으로 표현한 아인슈타인

$E=mC^2$이라는 유명한 방정식은 원자력 발전의 원동력이자 핵폭탄을 만드는 도구예요. 이 방정식은 천재 물리학자인 아인슈타인이 물질과 에너지의 관계를 나타낸 특수 상대성 이론의 결과 중 하나예요. 아인슈타인의 위대한 업적 중에 사람들에게 가장 많이 알려진 방정식이에요.

어느 날 아인슈타인은 가르치던 학생으로부터 '사랑도 방정식으로 표현할 수 있느냐'는 엉뚱한 질문을 받았어요. 잠시 고민하던 아인슈타인은 칠판에 다음과 같이 적었어요.

LOVE=2□+2△+2 · +2V+8〈

이 알 수 없는 수식은 아래 그림을 표현하는데 필요한 도형과 점, 꺾임 기호의 개수를 나타낸 거예요. '사랑이란 마지못해 떠나며 못내 아쉬워 뒤돌아보는 마음과 보내는 안타까움이다'라는 아인슈타인의 사랑에 대한 생각이 담긴 수식이에요. 아인슈타인의 상상력으로 사랑방정식이 탄생한 것이죠.

Love = 2□ + 2△ + 2· + 2V + 8‹

과연 무슨 뜻일까?

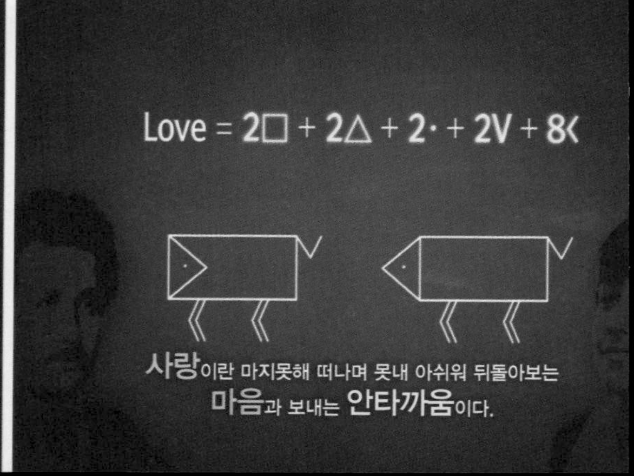

인류 역사를 바꾼 10가지 방정식

중앙아메리카의 니카라과 공화국에서는 1971년 인류의 역사를 바꾼 10가지 공식을 선정해 이를 기념하는 우표를 만들었어요. 첫 번째 공식은 1+1=2, 간단한 연산이지만 가장 위대한 발견으로 손꼽혀요. 이 밖에 물체가 땅에 떨어지는 이유를 설명한 만유인력의 법칙($F=\frac{Gm_1m_2}{r^2}$), 원자력 발전의 원동력이 된 특수 상대성 이론($E=mC^2$)을 비롯해 네이피어의 법칙($e^{\ln N}=N$), 피타고라스 정리($A^2+B^2=C^2$), 슈테판 볼츠만의 법칙($S=k\log W$), 치올코프스키의 로켓 방정식($V=V_e\ln\frac{m_0}{m_1}$), 맥스웰 방정식($\nabla^2 E=\frac{K_u}{c^2}\frac{\partial^2 E}{\partial t^2}$), 아르키메데스의 지렛대 원리($F_1x_1=F_2x_2$), 드 브로이 물질파 가설($\lambda=\frac{h}{mv}$)이 그 주인공이에요. 이렇게 선정된 10개의 공식에는 공통점이 하나 있는데 모두 '방정식'이라는 점이에요. 이로써 수학자들이 방정식으로 자연현상을 설명하고, 이것으로 문명을 발전시켜 왔다는 걸 알 수 있어요.

▣ **니카라과에서 발행한 인류의 역사를 바꾼 10가지 공식 기념 우표**

1 + 1 = 2

만유인력의 법칙

특수 상대성 이론

네이피어의 법칙

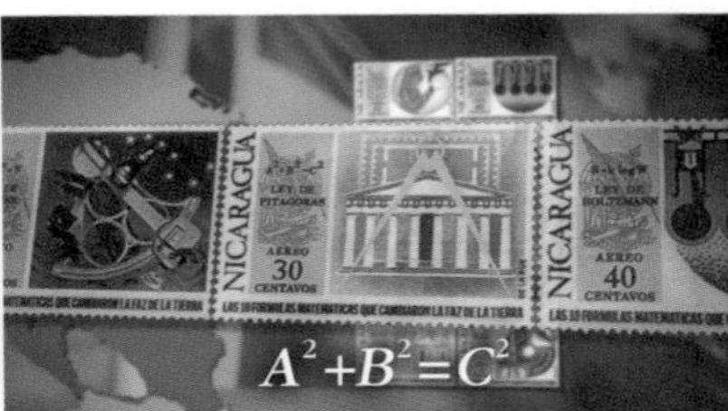

피타고라스 정리

슈테판 볼츠만의 법칙

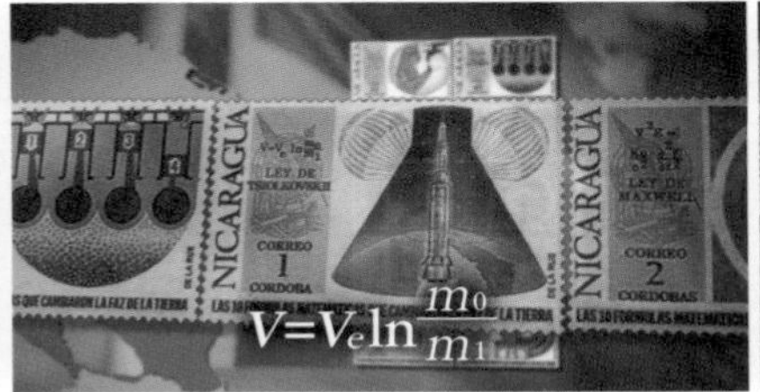

치올코프스키의 로켓 방정식

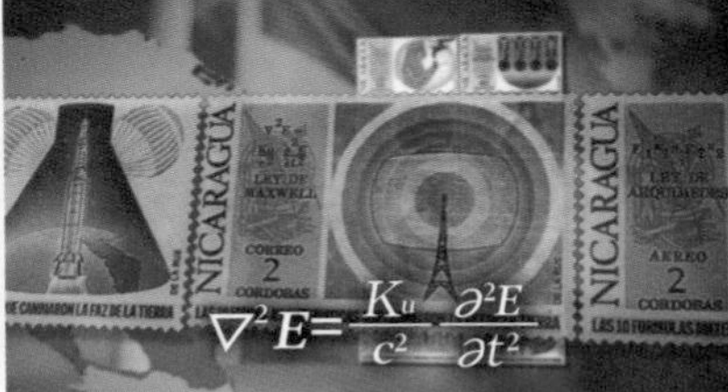

맥스웰 방정식

아르키메데스의 원리

드 브로이의 물질파 가설

외계 생명체와 교신하는 드레이크 방정식

지구 밖 외계 생명체의 존재 여부는 인류의 오랜 궁금증 중 하나예요. 광활한 우주는 여전히 수수께끼로 가득한 미지의 공간이지요. 오래전부터 인류는 지구 밖 어딘가에 외계 생명체가 있다는 상상을 펼쳐 왔고, 외계 생명체를 찾는 노력을 계속해 왔어요.

미국에 있는 세티 연구소(SETI)는 외계의 지적 생명체를 찾는 연구를 하고 있어요. 거대한 접시 안테나를 펼쳐 두고 외계 생명체가 보내는 우주 신호를 기다리고 있답니다.

세티 연구소를 세운 프랭크 드레이크 박사는 "외계 지적 생명체는 분명히 있다. 우주가 너무 넓어서 아직 만나지 못한 것일 뿐이다."라고 말했어요.

그는 1974년 11월 16일 여러 전문가들의 도움을 받아 허큘리스 대성단에 주파수 변조 전파 방식으로 직접 메시지를 보내기도 했어요. 그가 쓴 아레시보 메시지는 우주 공간을 향해 쏘아 올려졌고, 이 메시지가 도착하는 데 약 2만 5000년이 걸릴 예정이라고 해요.

프랭크 드레이크
1930~
미국의 천문학자이자 천체물리학자

아레시보 메시지 Arecibo message
1974년 11월 16일 아레시보 전파 망원경에서 주파수 변조 전파 방식으로 우주 공간을 향해 쏘아 보낸 방송

그가 보낸 메시지는 다음과 같아요.

1. *1에서 10까지의 숫자*
2. *DNA의 구성 원자인 수소, 탄소, 질소, 산소, 인의 원자 번호*
3. *DNA의 뉴클레오타이드를 이루는 당과 염기의 화학식*
4. *DNA의 뉴클레오타이드의 수와 DNA 이중나선 구조의 모양*
5. *인간의 형체, 평균적 남성의 크기(키를 뜻하는 구체적인 값), 지구의 인간 개체수*
6. *태양계의 모습*
7. *메시지를 발송한 전파 접시가 있는 아레시보 천문대의 모습과 그 크기(실제 접시의 지름을 뜻하는 값)*

드레이크 박사는 1960년 인간과 교신할 수 있는 지적 외계 생명체의 수를 계산하는 '드레이크 방정식'을 발표하기도 했답니다. 안타깝게도 아직까지 이 방정식의 정확한 답은 찾지 못했어요. 사람마다 대입하는 자료의 값이 다르고, 외계 생명체의 존재가 아직 불확실하기 때문이에요.
이처럼 방정식은 인류의 호기심을 해결할 수 있는 강력한 열쇠로 활약하고 있답니다.

033

기준을 정하는 식, 부등식

합리적인 선택을 돕는 부등식

부등호로 양변의
대소 관계를 나타내는 식을
'부등식'이라고 한다.

일상생활에서
굳이 부등식으로 표현하진 않지만,
부등식의 의미를 담고 있어서
생활의 질서에 도움을 주는 경우가 많다.

예를 들어 도로 표지판에 적힌 속도 제한 숫자나
놀이공원의 키 제한 표시 등은
부등식으로 나타낼 수 있고,
이때 부등식은 중요한 선택의 기준이 된다.

우리가 살아가는 복잡한 사회 속에서
기준을 정해 주는 고마운 기호 부등식.
우리는 부등식 덕분에 안전하고 질서 정연하게
살고 있는지도 모른다.

최적의 선택을 돕는 부등식

요즘 마트나 편의점에서는 2+1 또는 1+1과 같은 할인 행사를 많이 해요. 물건이 1개만 필요했던 사람도 이런 할인 행사 소식을 들으면 혜택을 놓치기 싫어 값을 조금 더 주고 2개를 사면 1개를 더 주는 2+1 상품을 구입하기도 해요. 우리는 필요에 따라 적절한 선택을 해서 현명한 소비를 해야 해요. 이럴 때 부등식을 세워 생각하면 선택이 쉬워져요.

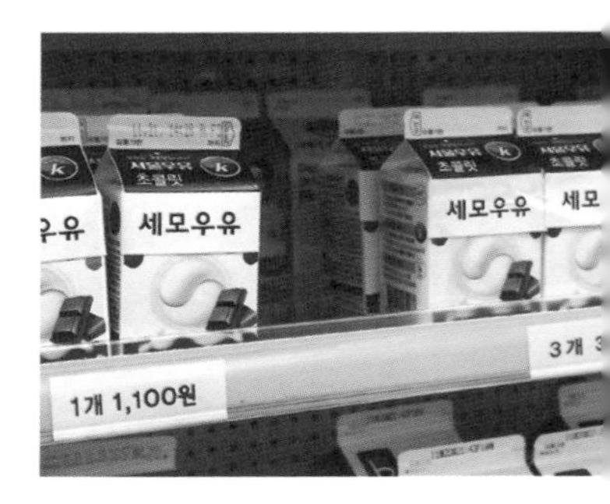

예를 들어 1개에 1100원 하는 우유와 3개 묶음으로 3000원에 파는 우유가 있어요. 만약 5개를 사야 한다면, 낱개와 묶음 중 어떤 상품을 고르는 것이 더 이익일까요? 이때 5개를 모두 낱개로 사면 5500원이고, 3개짜리 묶음 하나와 낱개로 2개를 더 사면 5200원에 우유를 살 수 있어요. $5500>5200$이므로, 당연히 5200원으로 우유를 사야겠지요. 이처럼 부등식은 간단한 가격 비교를 도와줘요.

$y=2x-1$이나 $3x+2=35$처럼 등호(=)를 사용해 수 또는 식이 같음을 나타내는 식을 '등식'이라고 해요. 이와 달리 $y>4x$나 $5x+2\leq 8$와 같이 부등호 $(>, <, \geq, \leq)$로 수 또는 식의 대소 관계를 나타내는 식을 '부등식'이라고 해요.

$y=2x-1$
$3x+2=35$

등식 等式
등호를 사용하여 수 또는 같음을 나타내는 식

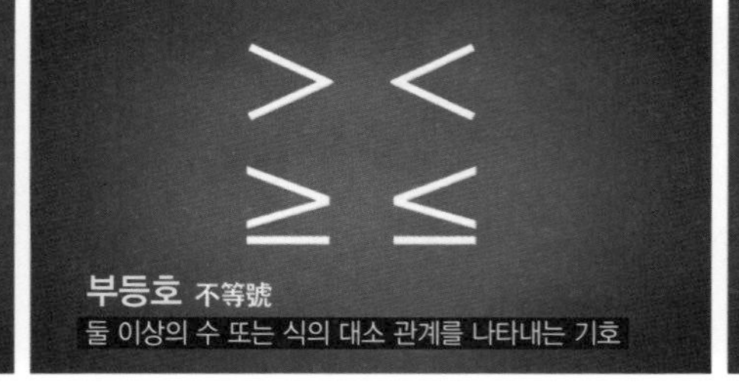

부등호 不等號
둘 이상의 수 또는 식의 대소 관계를 나타내는 기호

$y>4x$
$5x+2\leq 8$

부등식 不等式
부등호 $>, <, \geq, \leq$를 사용하여 수 또는 식의 대소 관계를 나타내는 식

부등식을 품은 도로 표지판

우리는 도로 곳곳에서 빨간 동그라미 안에 적힌 숫자들을 쉽게 볼 수 있어요. 이런 표지판은 주로 제한 속도를 나타내요.
예를 들어 빨간 동그라미에 숫자가 100과 50이라고 적힌 표지판이 있어요. 이 표지판은 최고 속도는 100km/h로, 최저 속도는 50km/h으로 주행하라는 뜻이에요. 이를 부등식으로 나타내면, 달리는 자동차의 속도를 x라고 했을 때 $x \le 100$, $x \ge 50$로 나타낼 수 있어요. 이렇게 두 가지 조건을 동시에 나타내는 경우 $50 \le x \le 100$와 같이 나타내요. 도로 표지판에 적힌 규정 속도를 지키는 것이 안전을 위한 최적의 선택이겠지요?

불꽃놀이에 숨어 있는 부등식

부등식은 우리가 생각지도 못한 곳곳에서도 발견돼요. 밤하늘을 아름답게 수놓는 불꽃놀이 안에도 부등식이 숨어 있어요. 불꽃은 폭죽 속에 들어 있는 화학물질의 성질에 따라 서로 다른 색을 내요. 각 색깔마다 고유의 파장 영역이 달라서, 내고 싶은 색깔의 파장 영역을 활용하면 원하는 불꽃 색깔을 만들 수 있어요.

색	파장(w)
보라	$w < 400$
남색	$400 \le w < 424$
파랑	$424 \le w < 491$
초록	$491 \le w < 575$
노랑	$575 \le w < 585$
주황	$585 \le w < 647$
빨강	$647 \le w < 700$

색	파장(w)
보라	$w < 400$
남색	$400 \le w < 424$
파랑	$424 \le w < 491$
초록	$491 \le w < 575$
노랑	$575 \le w < 585$
주황	$585 \le w < 647$
빨강	$647 \le w < 700$

예를 들어 파란색 불꽃을 만들고 싶으면, 424 이상 491 미만의 파장을 내는 구리 화합물을 사용하면 돼요. 또 초록색 불꽃을 만들고 싶으면, 491 이상 575 미만의 파장을 내는 바륨 화합물로 불꽃을 만들면 돼요. 알록달록한 색의 향연은 바로 부등식의 도움으로 만들어 낸 작품이랍니다.

| 사진 출처 |

국립민속박물관 62p 되와 말

국립가야문화연구소 152p 송현동 15호분 순장인골

Wikipedia 33p 에니그마 36p 에니그마, 앨런 튜링 58p 브라마굽타 136p 알 콰리즈미 176p 요한 라돈

NASA 167p JPL와 미국 브리검영대 공동 연구팀이 개발하고 있는 태양 전지를 펼친 모습
171p JPL와 미국 브리검영대 공동 연구팀이 개발하고 있는 태양 전지
171p 제임스 웹 우주 망원경

| 참고 자료 |

1999년 과학동아 7월호 112-113p, 허민 광운대학교 수학과 교수 자료

* 이 책에 실린 사진은 저작권자의 허락을 받아 게재한 것입니다.

* 저작권자를 찾지 못해 허락을 받지 못한 일부 사진은 저작권자가 확인되는 대로 게재 허락을 받고 통상 기준에 따라 사용료를 지불하겠습니다.